Die Betriebskontrolle in der Spanplattenindustrie

Von

Dr. Erich Plath

Leiter des Forschungsinstituts für Holzwerkstoffe und Holzleime Karlsruhe

Mit 32 Abbildungen

Springer-Verlag Berlin Heidelberg GmbH

1963

Ursprünglich erschienen bei Springer-Verlag OHG., Berlin/Göttingen/Heidelberg 1963

Library of Congress Catalog Card Number: 63-19386

ISBN 978-3-540-03038-6 ISBN 978-3-662-11482-7 (eBook)
DOI 10.1007/978-3-662-11482-7

Vorwort

In einer Zeitspanne von 15 Jahren hat sich die Spanplattenindustrie zum größten Zweig der Holzindustrie entwickelt. In allen Erdteilen entstehen neue Spanplattenwerke. Die Kurve der Produktion zeigt noch keine Anzeichen für eine Abflachung. Im Gebiet der Bundesrepublik Deutschland wurde im Jahr 1961 die Grenze von 1 Million Kubikmeter überschritten, wobei die Tagesproduktion der großen Werke um oder über 400 Kubikmeter liegt. Die weitgehend automatisierten Maschinenanlagen erfordern eine sorgfältige Betriebsüberwachung, die an das Kontrollpersonal hohe Ansprüche stellt.

Da die Schwierigkeiten der Spanplattenherstellung häufig unterschätzt werden, besteht die Gefahr, daß gut kontrollierte Qualitätserzeugnisse durch minderwertige Platten in Mißkredit kommen. Um ihr zu begegnen, wurde schon im Jahr 1956 mit dem Aufbau einer deutschen Güteschutzorganisation begonnen. Die Grundlagen einer solchen Organisation sind Prüfverfahren und Gütebedingungen, die in verhältnismäßig kurzer Zeit in die Form von DIN-Normen gebracht werden mußten. Diese Vorarbeiten sind im wesentlichen im Forschungsinstitut für Holzwerkstoffe und Holzleime in Karlsruhe ausgeführt worden. Wegen der gebotenen Eile haben die Forschungsergebnisse aber keinen Niederschlag in der Fachliteratur gefunden. Der Kreis der in der deutschen Gütegemeinschaft Spanplatten zusammengeschlossenen Herstellerwerke nimmt rasch zu, so daß es erforderlich ist, die ganze Industrie mit diesen Arbeiten vertraut zu machen. Der Wunsch, die Vorarbeiten des Karlsruher Instituts mit einer Anleitung zum Aufbau der Betriebsüberwachung abzuschließen und diese in Buchform herauszugeben, ging vom Verband der deutschen Sperrholz- und Spanplattenindustrie aus (VDSS). Ihm schloß sich die Föderation der Verbände der europäischen Spanplattenindustrie (FESYP) an, da ähnliche Aufgaben in allen 15 diesem Industrieverband angehörenden Ländern vorliegen.

Für die in der Spanplattenindustrie tätigen Ingenieure ist die weitgehende Benutzung statistischer Methoden neuartig. Sie sind insbesondere den älteren Ingenieuren unbekannt, die während ihres Studiums noch keine Gelegenheit hatten, Vorlesungen über mathematische Statistik zu hören. Daraus ergab sich die Notwendigkeit, die gewünschte Anleitung mit einer Einführung in die mathematische Statistik zu verbinden. Da es seit längerer Zeit bewährte Standardwerke über statistische Methoden gibt, glaubte der Verfasser, sich bei der Anleitung des Kontrollpersonals mit Hinweisen auf diese Werke begnügen zu können. In der Praxis stellte sich aber heraus, daß es den in der Industrie tätigen Ingenieuren an der erforderlichen Zeit und Muße fehlt, um sich in die ihnen zunächst fremde Gedankenwelt statistischer Arbeitsmethoden einfühlen und aus ihnen Anregungen für eigene Arbeiten entnehmen zu können. Daraus ergab sich die Notwendigkeit, die Grundlagen der Statistik an Hand von Beispielen aus dem Gebiet der Spanplattenherstellung darzustellen.

Für den Aufbau der statistischen Qualitätskontrolle, die sowohl in England wie in Deutschland obligatorisch ist, werden keine mathematischen Kenntnisse gebraucht. Die Grundlagen der Qualitätskontrolle wurden daher im II. Teil dieser Anleitung geschlossen zusammengestellt. Die Aufgabe der Betriebskontrolle ist aber nicht auf die Überwachung der laufenden Produktion beschränkt. Jeder Betrieb muß ständig Versuche durchführen, um die Verfahrenstechnik zu verbessern und rationeller zu gestalten. Die Frage, ob ein Versuch Erfolg gehabt hat und welches Vertrauen die Ergebnisse verdienen, ist statistischer Natur, erfordert aber andere Methoden als die laufende Kontrolle. Die zum Auswerten und zur Planung solcher Betriebsversuche geeigneten statistischen Verfahren wurden im III. Teil behandelt. Sie erfordern ein tieferes Verständnis für die Voraussetzungen, die den Methoden zugrunde liegen. Die Beispiele im III. Teil sind nach Aufgabe, Versuchsplan, Rechengang und Kritik der Ergebnisse gegliedert. Die Beispiele stammen aus Forschungsarbeiten unseres Instituts, die in Zusammenarbeit mit der Industrie durchgeführt wurden. Sie sind so ausführlich behandelt, daß der Leser sie nachrechnen kann.

Der II. Teil (Qualitätskontrolle) ist so eingerichtet, daß der Leser alle statistischen Hilfsmittel im Text findet. Für das Auswerten von Versuchen (III. Teil) braucht er jedoch die Prüfverteilungen für χ^2, t und F, deren Schrankenwerte als Anhang angefügt sind. Herr Professor B. L. van der Waerden hat mir freundlicherweise erlaubt, diese Tabellen aus seinem Buch „Mathematische Statistik" zu übernehmen.

Bei den Korrekturen hat meine Frau mitgewirkt. Dem Springer-Verlag danke ich für die sorgfältige Bearbeitung des Manuskriptes und für die Ausstattung, die er meiner Arbeit gegeben hat.

Karlsruhe, im August 1963

Erich Plath

Inhaltsverzeichnis

I. Einführung

Aufgaben der Betriebskontrolle. Die Betriebskontrolle hat in erster Linie die Aufgabe, die Produktion zu überwachen und etwa auftretende Mängel an den Maschinenanlagen und ihrer Steuerung aufzudecken. Die Eingliederung der Betriebskontrolle in den Organisationsplan eines Werkes richtet sich nach den örtlichen Betriebsverhältnissen. In großen Werken, in denen ein technischer Leiter vorhanden ist, wird sie als selbständige Betriebsabteilung geführt. Da sie den Betrieb zu kontrollieren hat, muß der Leiter der Kontrolle vom Betriebsleiter unabhängig sein. In kleineren Werken liegt die gesamte technische Verantwortung meist in den Händen des Betriebsleiters. Der Leiter der Kontrolle wird dann etwa einem Werkmeister gleichgestellt, diesem aber nicht unterstellt. Nach der Größe des Betriebes richten sich auch die Anforderungen an die Kenntnisse und an die Vorbildung des Kontrolleiters.

Die Betriebskontrolle darf sich nicht darauf beschränken, den „Stand der Technik" durch Prüfung lediglich festzustellen. Sie muß die anfallenden Meßergebnisse auch auswerten, die Ursachen von Schwankungen in der Qualität untersuchen und Vorschläge für deren Verbesserung machen. Ihre Tätigkeit beginnt schon bei der ersten Inbetriebnahme einer Spanplattenanlage, wobei sie festzustellen hat, ob die Maschinenanlage das leistet, was mit deren Hersteller vereinbart war. Sie muß bei allen Umstellungen im Betrieb mitwirken und über Änderungen und Änderungsabsichten unterrichtet sein.

Das Umformen des Rohholzes zur Spanplatte. Der Herstellungsprozeß von Spanplatten beruht darauf, zerkleinertes Holz oder verholzte Pflanzenteile mit Hilfe von Kunstharzen zu plattenförmigen Halbzeugen umzuformen. Das Rohholz kommt in sehr unterschiedlichen Formen auf den Holzplatz des Spanplattenwerkes, z. B. als Rundholz (Faserholz) aus Kiefer oder Fichte, als „schwache" Sortimente aus der Durchforstung von Wäldern oder als Sägewerksabfall (Schwarten, Spreißeln). Es werden ferner Abfälle mitverwendet, die beim Schälen und Messern von Furnieren entstehen (Restrollen, Restblöcke, Anschäler, ausgesonderte, fehlerhafte Furniere). Die Abfälle eines größeren Furnierwerkes können bis zu 100 Holzarten umfassen. Es werden ferner Späne mitverarbeitet, die bei der Mastenschälerei, bei Hobelmaschinen usw. anfallen und ebenfalls aus verschiedenen Holzarten stammen können. Das Rohholz, das der Spanplattenfabrik zugeführt wird, ist daher ein mehr oder weniger uneinheitliches Material. Auf dem Weg vom Holzplatz über Spaner und Trockner zum Mischer tritt zwar eine Vermischung der Sortimente ein, sie umfaßt aber immer nur einen relativ kleinen Teil des gesamten Spänestromes. Die in die Schüttvorrichtungen kommenden Späne zeigen daher eine gewisse „Erhaltungsneigung" ihrer Herkunft, die in den Eigenschaften der Platten nachweisbar ist. Mit der Zusammensetzung des Rohholzes ändern sich zwangläufig auch die Eigenschaften der Platten.

Den vom Rohholz abhängigen Schwankungen überlagern sich Einflüsse aus dem Fertigungsprozeß. Die Messer der Zerspaner werden nach einiger Zeit stumpf. Gegen Ende der Messerstandzeit nimmt der Anteil an Feinstspänen zu, die Oberflächen der Späne werden rauher und die Form der Späne uneinheitlicher. Die mit dem Messerwechsel zusammenhängenden Schwankungen treten daher periodisch auf. Das vom Holzplatz kommende Rohholz hat ferner unterschiedliche Feuchtigkeitsgehalte, die in den Trocknern nicht völlig ausgeglichen werden können, zumal diese auf Regeleingriffe nur träge ansprechen. Die zur Formstation kommenden Späne sind daher auch in bezug auf ihren Feuchtigkeitsgehalt nicht gleichförmig.

Der Preßvorgang, der sich bei Drücken um oder über 20 kp/cm^2 und bei Temperaturen zwischen 140 und 180 °C abspielt, bewirkt eine stärkere Verdichtung der Außenschichten (Decks) gegenüber den Mittelschichten. Das gilt nicht nur für drei- oder vielschichtige, sondern auch für einschichtige Spanplatten. Die Verdichtungsvorgänge hängen von der Verformbarkeit der Vliese, von der Form der Späne und vom Feuchtigkeitsgehalt ab und beeinflussen die physikalischen und elastomechanischen Platteneigenschaften. Auf diese Weise entstehen Schwankungen der Eigenschaften, die zwar wesentlich kleiner als bei naturgewachsenem Holz sind, die aber neben unvermeidbaren auch vermeidbare Komponenten enthalten.

Den vielseitigen Schwankungsursachen stehen die Anforderungen der Spanplattenverbraucher gegenüber, die von der Spanplatte alle Vorzüge des naturgewachsenen Holzes erwarten, zugleich aber völlig einheitliche Platten verlangen und Nachteile nicht in Kauf zu nehmen gewillt sind. Um für die einander oft widersprechenden Anforderungen optimale Kompromißlösungen zu finden, ist die Spanplattenindustrie auf eine zuverlässige Betriebskontrolle angewiesen.

Standardmerkmale. Eine „Qualitäts"eigenschaft kann nur überwacht werden, wenn ein geeignetes Prüfverfahren dafür besteht. Nun sind leider die wichtigsten Gebrauchseigenschaften einer exakten Prüfung nicht oder noch nicht zugänglich. Weder für die Dimensionsstabilität (Stehvermögen) noch für die Oberflächeneigenschaften, die für die Verarbeitung im Möbelbau wichtig sind, gibt es genormte oder normungsreife Prüfverfahren. Die Prüfung der Dimensionsveränderungen durch Feuchteeinflüsse ist überdies so langwierig, daß sie zur laufenden Betriebskontrolle nicht benutzt werden kann. Diese muß auf eine kleine Zahl von leicht und schnell meßbaren Eigenschaften beschränkt werden, für die genormte Prüfverfahren vorhanden sind. In Deutschland gibt es in der Normenreihe „Prüfung von Holzspanplatten" bisher folgende Prüfverfahren:

DIN 52360 Allgemeines, Probenahme, Auswertung,
DIN 52361 Abmessungen, Rohdichte, Feuchtigkeitsgehalt,
DIN 52362 Biegefestigkeit,
DIN 52364 Dickenquellung (unter Wasser),
DIN 52365 Zugfestigkeit senkrecht zur Plattenebene.

Für die Betriebskontrolle werden als Standardmerkmale die Biegefestigkeit, die Querzugfestigkeit (Zugfestigkeit senkrecht zur Plattenebene) und die Dickenquellung benutzt. Für diese drei Standardmerkmale sind in den Gütebedingungen für Spanplatten (DIN 68761) Schrankenwerte festgelegt. Zusätzlich wird die Rohdichte überwacht, obwohl DIN 68761 dafür keine Vorschriften enthält.

Mit Ausnahme der Dickenquellung sind die Standardmerkmale keine spezifischen Gebrauchseigenschaften. Sie sind trotzdem für die Beurteilung von Spanplatten verwendbar, weil sie mit Gebrauchseigenschaften korrelativ verknüpft sind. Je höher die Biegefestigkeit, um so größer ist der Elastizitätsmodul, um so besser das „Stehvermögen". Je größer die Querzugfestigkeit ist, um so größer wird der Widerstand, der zum Ausziehen von Holzschrauben aus den Kanten aufzuwenden ist (im Sprachgebrauch häufig mit dem unschönen Begriff „Schraubenhaltevermögen" bezeichnet). Die Kenntnis der Rohdichte ist notwendig, um die Ergebnisse der Standardprüfungen kritisch bewerten zu können.

Die Gütebedingungen für Spanplatten (DIN 68761) beziehen sich auf normal klimatisierte Proben (Ausgleich bei 20 °C und 65% relativer Luftfeuchte). Gleichlautende Bestimmungen sind in den zitierten Prüfnormen enthalten. Beim Entleeren der Presse liegt der Feuchtigkeitsgehalt von Spanplatten meist bei 6 bis 8% und ist niedriger als die Ausgleichsfeuchte, die dem Normalklima entspricht. Ferner sind die Deckschichten wesentlich trockener als die Mittelschichten, so daß die frischen Platten im Feuchte-Ungleichgewicht sind. Beim Klimatisieren nehmen die Platten Feuchtigkeit auf, erreichen den Zustand völliger Gewichtskonstanz aber erst nach längerer Zeit, in ungünstigen Fällen nach mehreren Wochen. Eine derartige Klimatisierungszeit kann von der Betriebskontrolle nicht abgewartet werden, denn ihre Ergebnisse müssen möglichst unmittelbar nach der Herstellung vorliegen, wenn sie ihre Aufgabe erfüllen soll. Bei der Betriebskontrolle muß daher auf die Klimatisierung verzichtet werden. Da die Eigenschaften aller Holzwerkstoffe aber vom

Feuchtigkeitsgehalt abhängen, entstehen beim Prüfen von zu trockenen Proben systematische Meßfehler.

Die Biegefestigkeit von Spanplatten, die bei einer Holzfeuchte von 7% gemessen wird, würde nach dem Klimatisieren um 10...20 kp/cm², die Dickenquellung, die am stärksten beeinflußt wird, um 1 bis 2 Quellprozente abnehmen, während die Querzugfestigkeit nur wenig beeinflußt wird. Die systematischen Fehler, die den Messungen der Betriebskontrolle innewohnen, müssen durch Vergleichsversuche an klimatisierten Proben bestimmt und beim Festlegen des Mittelwertsniveaus berücksichtigt werden. Da sich die Korrekturwerte bei Änderungen der Verfahrenstechnik ebenfalls ändern können, müssen sie von Zeit zu Zeit überprüft werden.

Die Laboreinrichtung der Betriebskontrolle. Für die laufende Überwachung der vier genormten Gütemerkmale wird ein Betriebslaboratorium gebraucht, dessen Grundausstattung aus folgenden Apparaten besteht:

Universal-Festigkeitsmaschine mit einem kleinsten Meßbereich von 0 bis 50 kp und einem größten Meßbereich von 0 bis 1000 kp.

Automatische Waage – Meßgenauigkeit 0,02 g.

Trockenschrank – Temperaturbereich bis 200 °C.

Meßuhr mit Stativ – Genauigkeit $^1/_{100}$ mm.

Thermostate – Temperaturkonstanz der Wasserbäder ± 2 °C im Bereich um 20 °C; bei höheren Prüftemperaturen sind schärfere Toleranzgrenzen notwendig.

Rechenmaschine – Zweckmäßig sind Modelle mit möglichst großer Kapazität und doppeltem Speicherwerk.

Ob mehr als eine Festigkeitsmaschine beschafft werden muß, richtet sich nach den Prüfplänen und nach dem Umfang der Produktion. Wenn eine zweite Maschine notwendig wird, sollte man ein größeres Modell wählen, so daß für die mittleren Lastbereiche zwei Maschinen vorhanden sind, gleichzeitig aber die Möglichkeit besteht, höhere Lasten anzuwenden, was z.B. bei Druckprüfungen notwendig ist.

Da Versuche in den großen Produktionsanlagen nur bei längerer Versuchsdauer zuverlässige Ergebnisse liefern und bei Mißerfolgen sehr teuer werden, ist es ratsam, das Betriebslaboratorium mit einer Laborpresse und den zusätzlichen Einrichtungen zu versehen, die zum Herstellen von Laborplatten notwendig sind, d.h. mit Spänemischer, Trockner usw. Dem Betriebslaboratorium ist eine kleine, mit Präzisionsmaschinen ausgerüstete Werkstatt anzugliedern, in der die Proben hergerichtet werden.

Wenn der Gehalt von Harnstoffharz in der fertigen Spanplatte oder in den beharzten Spänen regelmäßig kontrolliert werden soll, müssen chemische Apparaturen für Stickstoffanalysen nach KJELDAHL, Abzugsschränke und ihre Installationen vorgesehen werden. Die Anschaffung solcher Apparate ist aber nur dann zweckmäßig, wenn auch entsprechend vorgebildete Arbeitskräfte vorhanden sind und wenn die Analysen *laufend* ausgeführt werden. Für gelegentliche Kontrollen bedient man sich besser der Forschungs- und Prüfinstitute, die größere Erfahrungen im Ausschalten von Fehlerquellen haben.

Da der Spanplattenindustrie oft die Schuld an Oberflächenschäden zugeschoben wird, die bei der Behandlung von Möbeln und Tonmöbeln vorkommen, ist es ratsam, das Betriebslaboratorium mit einem Stereomikroskop auszustatten. Der Leiter der Betriebskontrolle ist dann in der Lage, einfachere Reklamationen selbst zu bearbeiten und abzuwehren.

Mathematische Hilfsmittel. Der weitaus größte Teil der Arbeit, die vom Betriebslaboratorium zu bewältigen ist, besteht aus mechanischen und physikalischen Prüfungen, deren Umfang sich nach den Prüf- und Stichprobenplänen richtet. Sie müssen nach statistischen Gesichtspunkten aufgestellt werden, um mit einem Minimum an Prüfungen ein Maximum an Informationen zu erhalten. Das gleiche gilt für das Planen von Versuchen, z.B. für Änderungen in der Zusammensetzung und Dosierung von Härtungsmitteln für Harnstoffharze, Untersuchungen von Quellschutzmitteln, Änderung der Eigenschaftsmerkmale durch Flamm- oder Insektenschutzmittel, Versuche über die zweckmäßigste Zusammensetzung des Spangutes nach Absieben von Feinstbestandteilen, Beschichtungsversuche, Einsatz neuer Maschinen usw. Für alle diese Aufgaben braucht der Leiter der Betriebskontrolle statistische Methoden, ohne die eine moderne Spanplattenfabrik nicht auskommt. Sie werden in den folgenden Abschnitten unter Verzicht auf mathematische Ableitungen erläutert und auf Einzelbeispiele angewendet, um auch die numerischen Rechengänge zeigen zu können. Die Beispiele stammen aus Industrielaboratorien, aus Zulassungsprüfungen, die im Auftrag der Gütegemeinschaft Spanplatten e.V. durchgeführt wurden, und aus Forschungsarbeiten des Forschungsinstituts für Holzwerkstoffe und Holzleime in Karlsruhe. Sie sollen die Leiter der Betriebslaboratorien einerseits mit statistischen Methoden vertraut machen, ihnen zugleich Vorstellungen von den Größenordnungen der in ihrem Fachgebiet vorkommenden statistischen Maßzahlen vermitteln und zu eigenen Arbeiten anregen.

Je gründlicher der Kontrolleiter die Maßzahlen seiner Produktion kennt, um so besser ist er in der Lage, die Verkaufsabteilungen zu beraten, wenn es sich um die Annahme von Aufträgen mit besonderen Anforderungen an Spanplatten handelt. Reklamationen wegen Über- oder Unterschreitung von Toleranzen können nur vermieden werden, wenn die Schwankungen der eigenen Maschinenanlage genau bekannt sind. Man braucht dann nur zu prüfen, ob die Normalproduktion innerhalb der gewünschten Grenzen liegt, ob man den Auftrag etwa durch Aussuchen passender Platten erfüllen kann oder ob eine Umstellung der Maschinen notwendig ist. Der Vorzug statistischer Methoden liegt darin, daß alle Risiken in Zahlen ausgedrückt und alle Aussagen mit Sicherheiten versehen werden können.

II. Kontrolle der laufenden Fertigung

(Qualitätskontrolle)

1. Prüfpläne

Die Grundgesamtheiten. Das Lieferprogramm einer Spanplattenfabrik umfaßt eine oder mehrere Sorten von Spanplatten, z.B. direkt furnierbare Möbelplatten, Platten mit dekorativen Oberflächen, Wärmedämm- und Schallschluckplatten, Spezialplatten für den Schiffbau usw. Es gibt auch Spanplattenwerke, die mehrere Maschinenanlagen mit unterschiedlicher Verfahrenstechnik besitzen. Die Plattensorten werden in verschiedenen *Dicken* hergestellt, die von etwa 6 bis 40 mm reichen. Im Bereich bis zu 25 mm sind die Dicken eng eingestuft, z.B. 6, 8, 10, 12, 13, 14, 16, 18, 19, 22, 25 mm. Jede aus einer Sorte und einer Dicke bestehende Kombination ist im Sinne der Statistik eine „Grundgesamtheit“, die durch bestimmte Merkmale, z.B. die Standardeigenschaften nach DIN 68761 oder sonstige Eigenschaften charakterisiert wird.

Je größer die Plattendicke ist, um so kleiner ist der prozentuale Anteil der Deckschicht und um so größer der Anteil der Mittelschicht. Das Profil der dickeren Platten stellt daher keine geometrisch ähnliche Vergrößerung des Profils dünner Platten dar. Dicke Platten sind ferner spezifisch leichter als dünne, zeigen aber einen höheren Beplankungseffekt. Zwei Kombinationen der gleichen Sorte mit verschiedenen Dicken werden daher verschiedene Eigenschaften haben und müssen als verschiedene Grundgesamtheiten angesehen werden. Die Änderung der Platteneigenschaften mit zunehmender Dicke folgt flachen Kurven und wird erst nachweisbar, wenn sich die Dicke beträchtlich ändert. Man darf daher mehrere Dickenkombinationen zu größeren Grundgesamtheiten zusammenfassen. Auf dieser Überlegung beruht die Dickeneinteilung in DIN 68761 in die Gruppen:

a) Plattendicke bis 13 mm
b) Plattendicke über 13 bis 20 mm
c) Plattendicke über 20 bis 25 mm

Bei den Vorarbeiten für DIN 68761 (Gütebedingungen) hatten Stichproben aus einer größeren Zahl deutscher Spanplattenwerke ergeben, daß eine solche Zusammenfassung verschiedener Dicken tatsächlich zulässig ist. Daraus folgt aber nicht, daß das für jedes Spanplattenwerk und für jede Verfahrenstechnik zutreffen muß. Beim Aufbau der Qualitätskontrolle muß zunächst jede Dicke erfaßt werden. Eine Entscheidung, welche Dickenbereiche zu größeren Grundgesamtheiten vereinigt werden dürfen, ist erst möglich, wenn eine hinreichende Zahl von Prüfungen ausgewertet ist.

Die Stichproben. Die vollständige Kontrolle aller Individuen einer Grundgesamtheit (sog. „100-%-Kontrolle") ist nur in ganz seltenen Ausnahmefällen, niemals aber bei einem verhältnismäßig billigen Massenerzeugnis möglich. Bei Prüfungen, die zur Zerstörung führen, wäre sie auch sinnlos. Die Betriebskontrolle im Spanplattenwerk ist daher auf die Entnahme von Stichproben angewiesen. Eine Stichprobe besteht aus einer bestimmten Anzahl von Proben, und man kann erwarten, daß die Merkmale dieser „Stichprobe" nicht erheblich von den unbekannten Merkmalen der Grundgesamtheit abweichen. Voraussetzung ist dafür, daß die Stichprobe eine *Zufallsauswahl* aus allen Individuen darstellt, also nicht systematisch entnommen wird, und daß sie für die Grundgesamtheit *repräsentativ* ist.

Da bei der Herstellung von Spanplatten sowohl periodische wie zufällige Schwankungen der Eigenschaftsmerkmale erwartet werden können, erfordert die Probenahme bei der laufenden Kontrolle einige Vorbereitung. Die Stichproben können nur dann repräsentativ sein, wenn alle systematischen Einflüsse ihrer Häufigkeit entsprechend berücksichtigt werden. Bei der verhältnismäßig großen Geschwindigkeit, mit der ein Spänestrom das Werk durchläuft, kann nicht erwartet werden, daß Qualitätsschwankungen systematischer Natur in kurzen Zeitabständen oder gar innerhalb einer einzelnen Platte erfaßt werden. Man muß die Stichproben in demjenigen Zeitpunkt ziehen, in dem ein bestimmter systematischer Einfluß wahrscheinlich wirksam ist. Beispiele dafür sind:

Schichtwechsel, Beginn und Ende,

Wochentage, insbesondere Beginn der ersten Montagsschicht, bei dem die Temperatur der Pressen möglicherweise noch nicht konstant ist,

Pressenetage, insbesondere unterste und oberste Etage, die extreme Unterschiede hinsichtlich der Verdichtungsvorgänge aufweisen können,

Messerwechsel.

Es wäre aber falsch, die Probenahme auf die angedeuteten Extremsituationen zu konzentrieren, denn dann wäre die Stichprobe nicht repräsentativ. Unter den 15 Schichten, die im Lauf einer 5-Tage-Woche verfahren werden, gibt es nur eine Schicht, die am Montag früh beginnt. Die Wahrscheinlichkeit, daß ein Verbraucher Platten aus der ersten Schicht einer bestimmten Wochenproduktion erhält, beträgt daher nur

$^{1}/_{15}$. Daß er Platten erhält, die in der ersten Arbeitsstunde der ersten Schicht gefertigt wurden, ist mit einer Wahrscheinlichkeit von $^{1}/_{120}$ zu erwarten. Wenn stündlich 6 Chargen gepreßt werden, so beträgt der Anteil der ersten Charge nur noch $^{1}/_{720}$ usw.

Um den bekannten oder vermuteten systematischen Einflüssen bei der Probenahme das ihnen zukommende Gewicht zu geben, sind langfristige Prüfpläne aufzustellen, die aber nicht als starre Vorschrift anzuwenden sind, weil die Größe der Lose innerhalb der verschiedenen Grundgesamtheiten veränderlich ist und vom Auftragseingang abhängt. Es wird auch gelegentlich zweckmäßig sein, vom Prüfplan abzuweichen. Wenn an irgendeiner Stelle des Betriebes Störungen vorgekommen sind, wird der Betriebsleiter die Kontrolle unterrichten, die dann durch zusätzliche Entnahme einer Stichprobe feststellen muß, ob sich die Störung in der Plattenqualität ausgewirkt hat oder nicht.

Soweit die Probenahme nicht durch Prüfpläne gebunden ist, sollen die Platten völlig zufällig ausgewählt werden. Auf keinen Fall darf die Probenahme dem Pressenführer überlassen werden, da dieser an einer guten Beurteilung der Platten interessiert ist. Zwar kann man einer fertigen Spanplatte viele Mängel von außen nicht ansehen, der Pressenführer weiß aber oft sehr genau, ob sich in einer Charge verdächtige Platten befinden, und würde diese niemals zur Prüfung geben!

2. Aufteilen der zur Prüfung entnommenen Platten

Die deutschen Normen „Prüfung von Holzspanplatten" (DIN 52360 bis 52365 in der Fassung von 1961) schreiben vor, daß für jedes Merkmal (Rohdichte, Biegefestigkeit usw.) 10 Proben herzustellen und zu prüfen sind. Die *Zahl der Proben* wurde auf $l = 10$ festgelegt, weil sie zur Beurteilung der Schwankungen innerhalb einer Platte ausreicht und weil die Auswertung von Gruppen aus je 10 Messungen das numerische Rechnen vereinfacht.

Es wird weiterhin vorgeschrieben, daß von je 10 Proben eine vom *Plattenrand* zu entnehmen ist, d.h. also eine Besäumkante enthalten muß. Diese Vorschrift beruht darauf, daß zwischen Plattenrand und Plattenmitte verfahrenstechnisch bedingte Unterschiede bestehen können. Wenn ein über die ganze Plattenbreite gleichmäßig geschüttetes Spänevlies unter Preßdruck gesetzt wird, entsteht am Plattenrand ein Abfall der Rohdichte, weil ein Teil der Späne nach außen herausgequetscht wird. Bei einigen Verfahren zum Herstellen von Flachpreßplatten wird eine konische Randaufschüttung vorgenommen, die eine Zunahme der Rohdichte am Rand zur Folge hat und widerstandsfähigere Kanten ergibt. Da Spanplatten ohne Abfall verarbeitet werden, enthält das vom Verbraucher verwendete Material einen geringen Anteil an Kantenstücken, die beim Prüfen ihrem prozentualen Anteil entsprechend berücksichtigt werden müssen. Bei Flachpreßplatten beträgt die Breite der verdichteten Randstreifen selten mehr als 50 bis 75 mm, bei Strangpreßplatten etwas mehr, weil die Regelung der Spanverteilung über die Breite des Bandes konstruktive Schwierigkeiten bereitet.

In der französischen Norm B 51-201 wird die Randzone als Rahmen von 150 mm Breite definiert, den man als „zone marginale" gegenüber dem Mittelstück „zone médiane" bezeichnet. Jeweils die Hälfte aller Proben ist der zone marginale, der Rest der zone médiane zu entnehmen. Dadurch erhalten die Randproben bei der Mittelwertbildung ein prozentuales Übergewicht, das ihnen statistisch nicht zukommt. Je größer die Plattenformate sind, um so bedeutender wird der Schätzfehler, der durch die falsche Verteilung der Proben über die Platte entsteht. Um für Flach- und Strangpreßplatten einheitliche Bestimmungen zu erhalten, wurde in DIN 52360 festgelegt, daß nur je eine Probe aus dem Rand und neun Proben aus der Plattenmitte zu entnehmen sind. Bei Flachpreßplatten von 1750 bis 1800 mm Breite, die bei neueren Anlagen bevorzugt werden, liegt schon in dieser Verteilung 1 : 9 eine geringe Überbewertung der Plattenrandstücke. Für Strangpreßplatten kann das Verhältnis etwas zu klein sein. Die Meßfehler sind aber bei beiden Plattenarten nicht bedeutsam.

Die aus den Streumaschinen herabrieselnden Späne erfahren eine leichte *Orientierung* in der Herstellrichtung. Sie beruht teils auf aerodynamischen, teils auf Trägheitskräften, die durch die Relativbewegung zwischen Formkasten und Streueinrichtung entstehen. Es werden daher parallel zur Vorschubrichtung mehr Späne abgelegt, als bei rein zufälliger Ordnung zu erwarten wäre. Die Folge davon ist eine etwas höhere Zugfestigkeit der Spanplatten in der Längsrichtung und damit einer höhere Biegefestigkeit und ein höherer Elastizitätsmodul. Die Spanplatten sind daher in bezug auf die Prüfrichtung etwas anisotrop. Da der Verbraucher den Spanplatten nach dem Auftrennen nicht mehr ansehen kann, in welcher Richtung die Stücke ursprünglich gelegen haben, wird die Biegefestigkeit senkrecht zur Herstellrichtung gemessen. Die in DIN 68761 definierten Schranken der Biegefestigkeit beziehen sich also auf die festigkeitsmäßig ungünstigste Richtung. In gleicher Weise ist bei der Betriebskontrolle zu verfahren.

In DIN 52360 (Probenahme) ist schließlich noch vorgeschrieben, daß zwischen den Mitten zweier Proben ein *Mindestabstand* von 50 mm einzuhalten ist. Dieser Forderung liegen statistische Untersuchungen über die Korrelation zwischen Nachbarproben zugrunde, über die an späterer Stelle berichtet wird. Wenn die zu prüfenden Merkmale nicht völlig zufällig verteilt sind, sondern eine systematische Komponente haben, die man sich z.B. aus wellenförmigen Schwankungen entstanden denken kann, so würde man bei der Berechnung der Schwankungsmaße systematische Fehler begehen. Sie können als ausgeschaltet angesehen werden, wenn der Mittenabstand zweier Proben mindestens 50 mm beträgt. Alle Proben, deren Abmessungen 50 mm oder mehr betragen, können daher beim Aufteilen der Platten unmittelbar nebeneinander gelegt werden. Lediglich die kleinen Quellproben, die nur 25 × 25 mm groß sind, müssen mit Lücken aus 25 mm breiten Streifen herausgetrennt werden.

Aus den von der Betriebskontrolle gezogenen Platten wird ein Kontrollabschnitt quer zur Herstellrichtung (Querabschnitt) nach Abb. 1 herausgetrennt. Die Reststücke gehen ins Lager zurück und können zu Fixmaßen verarbeitet werden. Die Länge *b* des Kontrollabschnittes muß so gewählt werden, daß alle erforderlichen Proben daraus hergestellt werden können. Für die Standardprüfungen werden 10 Biegestäbe, 10 Querzugproben und 10 Quellproben gebraucht. Die Proben für die Kontrolle des Feuchtigkeitsgehaltes werden entweder aus den Reststücken oder unmittelbar nach dem Bruchversuch aus den Biegestäben entnommen. Die Rohdichtemessung wird zweckmäßig an den Quellproben ausgeführt, so daß keine zusätzlichen Proben angefertigt zu werden brauchen.

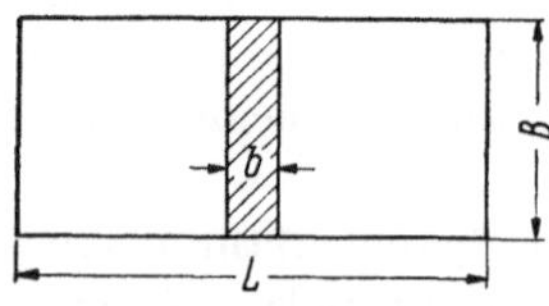

Abb. 1. Entnahme der Kontrollabschnitte

Platten bis zu 22 mm Dicke werden mit Biegeproben von 250 mm Länge (Stützweite 200 mm) geprüft. Da alle Biegeproben unabhängig von der Plattendicke nach DIN 52362 eine einheitliche Breite von 50 mm haben müssen, braucht man für 10 Biegeproben etwa 2,6 lfd. Meter Leisten von 50 mm Breite. Für die 10 Querzugproben (50 × 50 mm) wird ein entsprechender Streifen von 0,6 m Länge gebraucht. Ein weiterer Streifen von 25 mm Breite und etwa 0,6 m Länge wird für Quellproben verwendet.

Bei Platten mit Dicken über 22 mm richtet sich die Länge der Biegeproben nach der Plattendicke, weil die Stützweite nicht weniger als das 10fache der Plattendicke betragen soll. Zusammen mit einem Überstand

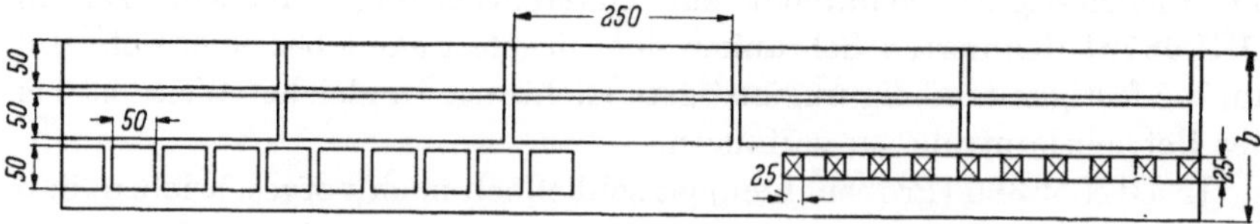

Abb. 2. Aufteilen der Kontrollabschnitte für Standardproben

von 2 × 25 mm an den Rollenlagern sind also bei dickeren Platten Biegeproben von $L = 10a + 50$ mm anzufertigen (a = Dicke in mm). Die Gesamtlänge an 50 mm breiten Streifen für Biegeproben nimmt also für $a = 22$ mm mit der Dicke zu. Ob man zwei, drei oder mehr Streifen von der Länge B (Abb. 1) braucht, muß von der Kontrolle festgelegt werden. Im allgemeinen wird man mit Abschnitten von $b = 300$ mm Länge auskommen. Ein Aufteilungsbeispiel für eine Plattenbreite $B = 1300$ mm ist in Abb. 2 dargestellt.

Die 50 bzw. 25 mm breiten Streifen sind auf einer Präzisionskreissäge auf $\pm 0{,}2$ mm genau zu schneiden. Um scharfkantige Schnitte zu erhalten, sind Kreissägeblätter mit Hartmetallzähnen zu verwenden. Wenn die Breitentoleranz nicht genau eingehalten wird, müssen die Proben beim Auswerten der Versuchsergebnisse einzeln vermessen werden, was sehr zeitraubend ist.

3. Stochastische Größen

Im Gegensatz zu den scharf definierten funktionalen Größen, die durch mathematische Funktionen beschrieben werden, wird man beim Prüfen von Materialeigenschaften verschiedene Meßwerte erhalten, wenn die Prüfung mehrmals wiederholt wird. Eine Materialeigenschaft kann daher nur vollständig beschrieben werden, wenn man Aussagen über ihre Schwankungen macht. In der älteren Literatur sagt man z.B.: Die Biegefestigkeit beträgt im *Durchschnitt* 200 kp/cm^2 und schwankt zwischen 160 und 240 kp/cm^2. Damit wird zum Ausdruck gebracht, daß die Variable x (in diesem Fall die Biegefestigkeit) im Bereich zwischen 160 und 240 kp/cm^2 alle möglichen Zahlenwerte annehmen kann. Eine solche Größe nennt man eine *stochastische Variable.* In der Betriebskontrolle haben wir es fast ausschließlich mit stochastischen Größen zu tun.

Die Aussage, daß eine stochastische Variable innerhalb eines bestimmten Bereiches alle möglichen Werte annehmen kann, reicht aber zu ihrer vollständigen Beschreibung nicht aus. Wenn eine Messung sehr oft ausgeführt wird, so wird man finden, daß die kleinsten und die größten Werte nur sehr selten vorkommen, daß sich aber die Meßwerte in der Mitte zwischen Kleinst- und Größtwert stark häufen. Man kann eine stochastische Größe darstellen, indem man den Bereich zwischen Kleinst- und Größtwert in eine Anzahl gleichbreiter Klassen einteilt und feststellt, wie viele der Meßwerte in die einzelnen Klassen hineinfallen. Das Ergebnis einer solchen Auszählung zeigt Abb. 3 für die Biegefestigkeit von Spanplatten, wobei $N = 250$ Messungen ausgewertet wurden.

Ob für die Darstellung solcher Auszählungen die Form eines *Staffelbildes* (auch Histogramm genannt) oder eines *Polygons* gewählt wird, ist unwesentlich. Abb. 3 ist für die meisten Spanplatteneigenschaften charakteristisch. Die Mehrzahl aller Meßwerte ist um die mittelste Klasse (im Beispiel $195 < \sigma_{bB} < 205$ kp/cm^2) gruppiert. Die Randklassen sind nur mit wenigen, im Beispiel mit je einem von $N = 250$ Meßwerten besetzt. Die Ordinaten des Staffelbildes (bzw. Polygons) stellen die Häufigkeit dar, mit der die Klassenmittelwerte vertreten sind.

Setzt man die Gesamtzahl der Messungen gleich 100, so beträgt beispielsweise die relative Häufigkeit in der mittelsten Klasse

$$f = 100 \cdot \frac{60}{250} = 24\%$$

Die in Abb. 3 dargestellte Biegefestigkeit ist um einen Mittelwert, der bei etwa 200 kp/cm² angenommen werden kann, symmetrisch verteilt. Diese Symmetrie der Verteilungen ist eine häufig zu beobachtende Er-

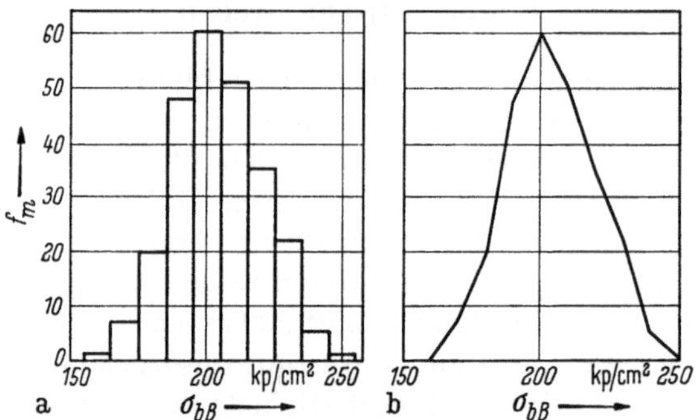

Abb. 3 a u. b. Häufigkeitsbild einer stochastischen Größe (Biegefestigkeit $N = 250$ Messungen) a) Staffelbild; b) Polygon

scheinung. Im Gegensatz zu *funktionalen* Größen, die aus mathematischen Funktionen berechenbar sind, müssen *stochastische* Größen durch ihre Verteilung beschrieben werden. Wenn zwei Größen (Variable) durch eine Funktion miteinander verknüpft sind, z.B.

$$y = a + b x + c x^2 + \cdots$$

so nennt man den Zusammenhang $y = f(x)$ „funktional". Wenn stochastische Größen voneinander abhängig sind, spricht man von „*stochastischen Zusammenhängen*". Sie werden im folgenden symbolisch durch einen liegenden Pfeil in der Form $y \to x$ angedeutet. Da fast alle experimentellen Arbeiten über die Wirkung bestimmter Einflußgrößen stochastische Zusammenhänge zum Gegenstand haben, wird ihre numerische Berechnung im III. Teil behandelt.

Um eine stochastische Größe (Variable) beschreiben zu können, muß man die Parameter ihrer Verteilung bestimmen. Die beiden wichtigsten Parameter sind der Mittelwert und die Varianz.

Der Mittelwert. Der beste Schätzwert für den unbekannten Mittelwert μ (sprich mü) einer Grundgesamtheit ist das arithmetische Mittel $\bar{x}$ aller Einzelmessungen der Stichprobe. Definitionsgleichung:

$$\bar{x} = \frac{x_1 + x_2 + \cdots x_i + \cdots x_N}{N}$$

$$\bar{x} = \frac{\mathsf{S}\, x_i}{N} \; (i = 1, 2, \ldots, N) \tag{1}$$

Das Summenzeichen S symbolisiert die Rechenvorschrift. Der aus einer Gruppe von N Einzelwerten berechnete Gruppenmittelwert wird durch einen Querstrich über $\bar{x}$ angedeutet (sprich „x quer"). Die Zahl der Einzelwerte N, aus denen eine Stichprobe besteht, heißt „*Stichprobenumfang*".

Bei der laufenden Betriebskontrolle werden nach und nach Platten gezogen. Aus jeder Platte wird eine Stichprobe entnommen, deren Umfang durch Prüfvorschriften festgelegt ist und im allgemeinen 10 Messungen umfaßt. Diese Stichprobe ist aber zunächst nur für die *Platte* repräsentativ, aus der sie entnommen wurde. Die Grundgesamtheit, die aus einer großen Zahl gleichartiger Platten besteht, wird durch eine Folge von Stichproben repräsentiert, die zu einem „*Kollektiv*" zusammengefaßt werden. Man bezeichnet mit

k Zahl der geprüften Platten (allgemein Gruppen),
l Zahl der Meßwerte innerhalb einer Platte (Gruppe),
$N = k\,l$ Umfang des Kollektivs.

Jede dieser Gruppen hat einen Gruppenmittelwert $\bar{x}_1, \bar{x}_2, \ldots, \bar{x}_k$. Je größer die Zahl der Gruppen wird, um so mehr nähert sich der aus den Gruppenmittelwerten berechnete Gesamtmittelwert dem wahren Mittelwert der Grundgesamtheit. Gesamtmittelwerte werden durch einen doppelten Querstrich über dem Symbol in der Form $\bar{\bar{x}}$ (sprich „x doppelt quer") gekennzeichnet. Ihre Definition lautet:

$$\left.\begin{aligned} \bar{\bar{x}} &= \frac{\bar{x}_1 + \bar{x}_2 + \cdots \bar{x}_k}{k} = \frac{\mathsf{S}\,\bar{x}_k}{k} \\ \text{oder} \qquad \bar{\bar{x}} &= \frac{\mathsf{SS}\, x_i}{k\,l} \end{aligned}\right\} \tag{2}$$

Das doppelte Summenzeichen SS gibt an, daß zunächst die x_i-Werte innerhalb der Gruppen und anschließend die Gruppensummen addiert werden müssen.

Die Varianz. Die Varianz ist eine Maßzahl für die Schwankungsbreite der Häufigkeitsverteilung. Gegeben sei eine Gruppe von Meßwerten x_1, $x_2, \ldots, x_i, \ldots, x_N$, die um den Mittelwert $\bar{x}$ verteilt sind. Der Abstand des i-ten Einzelwertes vom Mittelwert $\bar{x}$, d.h. also die Differenz $x_i - \bar{x}$, heißt seine „Abweichung“. Die Varianz der N Meßwerte ist definiert durch

$$s^2 = \frac{\mathsf{S}(x_i - \bar{x})^2}{N-1} \tag{3}$$

Die Definitionsgleichung (3) enthält eine Reihe statistischer Begriffe. Man nennt

$(x_i - \bar{x})$	Abweichung des i-ten Meßwertes vom Mittelwert $\bar{x}$,
$(x_i - \bar{x})^2$	Abweichungsquadrat,
$\mathsf{S}(x_i - \bar{x})^2$	Summe der Abweichungsquadrate,
N	Stichprobenumfang,
$N-1$	Zahl der Freiheitsgrade,
s^2	Varianz,
(s	Standardabweichung).

Der Begriff „Freiheitsgrad“ hat folgende Bedeutung: Wenn die Summe von N Werten gegeben ist, können $N - 1$ Werte frei gewählt werden. Der letzte Wert ist jedoch durch die Summe und die übrigen $N - 1$ Werte festgelegt. Zwischen N Werten bestehen also $N - 1$ Freiheitsgrade. Bezeichnet man eine Summe von Abweichungsquadraten mit A und die Zahl der Freiheitsgrade mit n, so läßt sich Gl. (3) in folgender Form schreiben:

$$s^2 = \frac{A}{N-1} = \frac{A}{n} \tag{3a}$$

Dadurch wird die Definition übersichtlicher. Die nach Gl. (3) bzw. (3a) berechnete Varianz s^2 einer Stichprobe ist der beste Schätzwert für die unbekannte Varianz σ^2 (sprich sigma) der Grundgesamtheit, aus der die Stichprobe stammt.

4. Häufigkeitsverteilungen

Die empirischen Häufigkeitsverteilungen können in vielen Fällen durch mathematische Verteilungen angenähert werden, die durch die beiden Parameter $\bar{x}$ (Mittelwert) und s^2 (Varianz) eindeutig beschrieben werden können. Das gilt insbesondere für alle Verteilungen, die durch zufällige Schwankungen zustande kommen. Die wichtigsten Zufallsverteilungen sind als Binomial- und als Normalverteilung bekannt.

Die Binomialverteilung (Bernoulli-Verteilung). Das Entstehen einer Zufallsverteilung läßt sich mit Hilfe eines *Galton*schen Nagelbrettes anschaulich darstellen. In ein senkrecht gestelltes Brett sind verschiedene Reihen von Nägeln eingeschlagen, die nach Abb. 4 angeordnet sind. Aus einem Trichter oberhalb des Nagelbrettes läßt man Kugeln durch das Nagelbrett hindurchlaufen, die an den Nägeln abgelenkt werden. Wenn der Trichter mit seiner Achse genau senkrecht über dem obersten Nagel steht, wird die eine Hälfte der Kugeln nach links, die andere nach rechts abprallen. An den Nägeln in der ersten, aus 2 Nägeln bestehenden Reihe setzt sich die Aufteilung fort. Vom linken Nagel prallt je eine Kugel nach

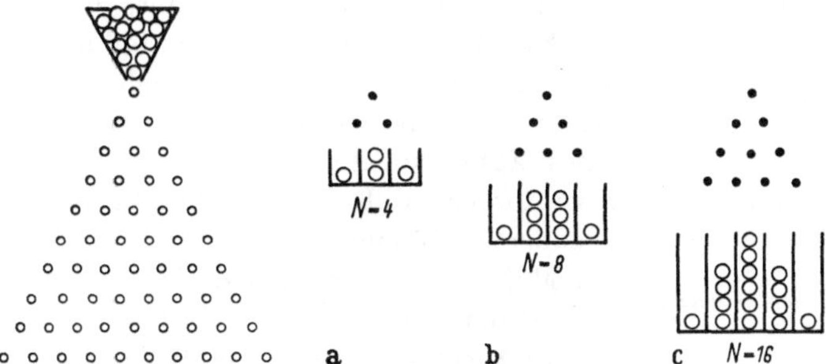

Abb. 4. Galtonsches Nagelbrett
a–c) Gedankenexperimente am Galtonschen Nagelbrett

links und eine nach rechts, so daß in das Feld zwischen den beiden Nägeln der ersten Reihe 2 Kugeln fallen, von denen eine von links und die zweite von rechts kommt. Fängt man die ersten 4 Kugeln unter der ersten Nagelreihe auf, so entsteht die Abb. 4a. Fängt man 8 Kugeln unter der zweiten und 16 Kugeln unter der dritten Nagelreihe auf, erhält man die in Abb. 4b und 4c gezeichneten Verteilungen. Das Gedankenexperiment am Galtonschen Nagelbrett läßt sich beliebig fortsetzen. Die Zahl der Klassen, in welche die Gesamtzahl der Kugeln sortiert wird, ist stets um 1 größer als die Zahl der Nägel in der jeweils letzten Nagelreihe. Die durch die Kugeln dargestellten Füllhöhen in den Auffangbehältern gehorchen einem mathematischen Gesetz.

$$\begin{array}{ccccccccccl} & & & & 1 & & & & & \qquad & \text{Summe} = 1 \\ & & & 1 & & 1 & & & & & = 2 \\ & & 1 & & 2 & & 1 & & & & = 4 \\ & 1 & & 3 & & 3 & & 1 & & & = 8 \\ 1 & & 4 & & 6 & & 4 & & 1 & & = 16 \end{array}$$

Die Zahlen bilden ein sogenanntes „Pascalsches Dreieck". Da sie mit den Koeffizienten der Binome $(a + b)^n$ identisch sind, bezeichnet man die am Nagelbrett entstehende Häufigkeitsverteilung als „Binomialverteilung". Bei 8 Nagelreihen kann nach dem Durchlauf von 256 Kugeln die in Abb. 5 dargestellte Verteilung erwartet werden, die der in Abb. 3 gezeigten empirischen Verteilung (dort für $N = 250$) sehr ähnlich sieht. Numerische Rechnungen mit Binomialverteilungen sind unbequem, weil die Berechnung der Binomialkoeffizienten umständlich ist. Für die Auswertung von Meßergebnissen in der Betriebskontrolle werden sie nicht gebraucht, so daß auf die Darstellung der verallgemeinerten, unsymmetrischen Binomialverteilungen verzichtet wird.

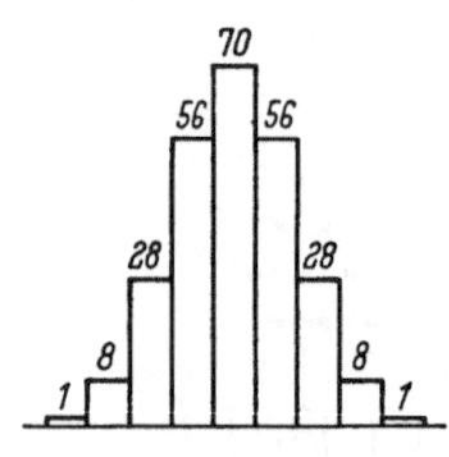

Abb. 5. Binomialverteilung $n = 8$ Nagelreihen, $N = 256$

Bei den beschriebenen Gedankenexperimenten am Galtonschen Nagelbrett war die Zahl der Kugeln so gewählt worden, daß in den Randklassen jeweils 1 Kugel anzutreffen ist. Hieraus ergibt sich eine Regel für die Klasseneinteilung eines Zahlenkollektivs vom Umfang N, indem man fordert, daß in den Randklassen der angenäherten Binomialverteilung nicht weniger als ein Meßwert auftreten soll. Man wird also die Zahl m der Klassen nach Tab. 1 wählen.

Die Normalverteilung (Gauß-Verteilung). Während die Binomialverteilung ein treppenförmiges (diskretes) Staffelbild liefert, ist die Normalverteilung eine *stetige* Kurve. Sie läßt sich durch einen Grenzübergang aus der symmetrischen Binomialverteilung entwickeln, indem man die Zahl der Einzelwerte $N \to \infty$ und die Breite der Klassen $c \to 0$ gehen läßt. Es entsteht dann eine Glockenkurve mit der Gleichung

Tabelle 1. *Einteilung eines Kollektivs von N Werten in m Klassen*

Stichprobe N	Klassenzahl m
8	4
16	5
32	6
64	7
128	8
256	9
512	10
1024	11 usw.

$$\varphi(x) = \frac{1}{\sigma\sqrt{2\pi}}\, e^{-\frac{(x-\mu)^2}{2\sigma^2}} \tag{4}$$

Hierin ist

$\varphi(x)$ Häufigkeit für das Auftreten des Wertes x,
μ Mittelwert der Verteilung,
$x - \mu$ Abstand des Meßwertes x vom Mittelwert μ,
σ Abstand der Wendepunkte vom Mittelwert (Standardabweichung).

Gl. (4) sagt aus, daß die Häufigkeit für das Auftreten eines Wertes x in einer normal verteilten Grundgesamtheit einem Exponentialgesetz gehorcht, das nur von zwei Parametern abhängt: dem Mittelwert μ und der Standardabweichung σ (auf den Nachweis, daß der Abstand der beiden Wendepunkte der Glockenkurve gleich der Standardabweichung ist, wird verzichtet). Die Annäherung einer empirisch gefundenen Häufigkeitsverteilung durch eine Normalverteilung beruht auf folgenden Schritten:

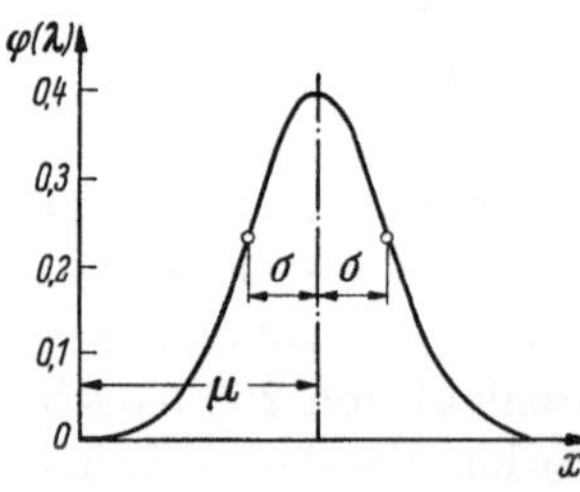

Abb. 6. Gaußsche Normalverteilung

a) Der wahre, aber unbekannte Mittelwert μ der Grundgesamtheit wird durch den arithmetischen Mittelwert $\bar{x}$ der Stichprobe ersetzt.

b) Die wahre, aber unbekannte Varianz σ^2 der Grundgesamtheit wird durch die Varianz s^2 der Stichprobe ersetzt.

c) Die unbekannte Verteilung der Grundgesamtheit wird durch eine Normalverteilung mit den Parametern $\bar{x}$ und s ersetzt.

Ob eine empirische Verteilung durch eine Normalverteilung ersetzt werden darf, muß im Einzelfall nachgeprüft werden. Die Frage läuft darauf hinaus, ob die Abweichungen der empirischen Verteilung von der Normalverteilung zufällig sind oder nicht. Sie wird mit Hilfe des χ^2-Tests beantwortet, der an Zahlenbeispielen im nächsten Abschnitt behandelt wird.

Die Glockenkurve ist in bezug auf ihren Mittelwert symmetrisch und erstreckt sich von $x = -\infty$ bis $x = +\infty$. Im Abstand $x = +3\sigma$ hat sie sich der Abszissenachse so weit genähert, daß die beiden ins Unendliche reichenden Kurvenäste vernachlässigt werden können. Setzt man die gesamte Fläche, die zwischen der Glockenkurve und der Abszissenachse eingeschlossen wird, gleich 100%, so liegen 99,73% dieser Fläche zwischen $x = -3\sigma$ und $x = +3\sigma$. Durch die Vernachlässigung der beiden außerhalb der $3\,\sigma$–Grenzen liegenden Kurvenäste entsteht also kein ins Gewicht fallender Fehler. Für die numerische Berechnung der Normalverteilung $(\bar{x}, s)$ benutzt man ihre „normierte" Form. Sie entsteht aus Gl. (4), indem $\mu = 0$ und $\sigma = 1$ sowie $x/\sigma = \lambda$ gesetzt wird. Die Gleichung der normierten Gauß-Verteilung lautet:

$$\varphi(\lambda) = \frac{1}{\sqrt{2\pi}} e^{-\lambda^2/2} \tag{5}$$

Die Zahlenwerte für $\varphi(\lambda)$ sind in allen Standardwerken der Statistik tabuliert. Man berechnet nur die λ-Werte und entnimmt die zugehörigen Häufigkeitswerte $\varphi(\lambda)$ den Tabellen. [φ sprich „phi", λ sprich „lambda", $\varphi(\lambda)$ sprich „phi an der Stelle lambda".]

5. Die statistische Aufbereitung von Meßergebnissen

Die laufende Kontrolle von Spanplatten für allgemeine Zwecke (Geltungsbereich von DIN 68761) umfaßt die vier Standardmerkmale Rohdichte, Biegefestigkeit, Querzugfestigkeit und Dickenquellung. Um beurteilen zu können, ob der Fertigungsprozeß „in Kontrolle" liegt, müssen die statistischen Maßzahlen, d.h. Gesamtmittelwerte und Varianzen der *Grundgesamtheiten* bestimmt werden. Dazu muß eine hinreichende Zahl von Platten geprüft werden und die Prüfungen müssen sich über einen hinreichend langen Zeitraum erstrecken, um sicher zu sein, daß alle Schwankungseinflüsse erfaßt werden. Die erste Gesamtauswertung der Prüfergebnisse nimmt man daher vor, wenn von einer bestimmten Grundgesamtheit etwa $k = 25$ Platten geprüft sind. Die Gütegemeinschaft Spanplatten e.V. verlangt bei der Zulassung ihrer Mitglieder, daß sich diese Prüfungen über einen Zeitraum von mindestens 6 Monaten erstrecken. Bei Beginn der Auswertung liegen daher für jedes Merkmal einer Grundgesamtheit Zahlenkollektive vom Umfang $N = 25 \cdot 10 = 250$ vor. Für die ersten 25 Platten sind zunächst für jede geprüfte Platte getrennt der Plattenmittelwert $\bar{x}$ und die Varianz s^2 zu berechnen. Für die Varianzberechnungen ist der Einsatz einer elektrischen Rechenmaschine unerläßlich, um das in der Betriebskontrolle eines Spanplattenwerkes täglich anfallende Zahlenmaterial mit einem erträglichen Arbeitsaufwand überhaupt bewältigen zu können.

Varianzberechnung mit Rechenautomaten. Die Definitionsgleichung (3) für die Varianzen

$$s^2 = \frac{\mathsf{S}(x_i - \bar{x})^2}{N-1} = \frac{A}{n} \tag{3}$$

ist für maschinelle Rechnungen unhandlich, denn sie erfordert die Berechnung des Mittelwertes $\bar{x}$, bei $N = 10$ Werten die Berechnung der 10 Differenzen $(x_i - \bar{x})$, der Quadrate, der Quadratsumme und schließlich die Division der Quadratsumme durch die Zahl der Freiheitsgrade. Man braucht daher die Form

$$s^2 = \frac{1}{N-1}\left[\mathsf{S}x_i^2 - \frac{(\mathsf{S}x_i)^2}{N}\right] \tag{3a}$$

Umdrehungs- und Resultatwerk der Maschine werden gesperrt, um die automatische Löschung beim Rücklauf des Schlittens auszuschalten. Dann wird der erste Meßwert x_1 eingetastet und quadriert. Im Umdrehungszählwerk erscheint der Zahlenwert für x_1, im Resultatwerk x_1^2. Ohne Zwischenablesungen werden anschließend die übrigen Meßwerte eingegeben und quadriert. Für eine Gruppe von N Meßwerten erhält man im Umdrehungszählwerk die Summe der Einzelwerte $\mathsf{S}x_i$ und im Resultatwerk die Quadratsumme $\mathsf{S}x_i^2$. Diese beiden Summen werden für spätere Auswertungen gebraucht und werden daher im vorbereiteten Protokoll notiert. Bei dem nachstehenden Zahlenbeispiel (Tab. 2) beträgt $\mathsf{S}x_i = 1191$ und $\mathsf{S}x_i^2 = 398049$. Wenn die Zahl der Meßwerte eine Potenz von 10 ist, was bei den Standardprüfungen stets zutrifft, kann die Subtraktion des Gliedes $(\mathsf{S}x_i)^2/N$ ohne Löschung der Maschine vorgenommen werden. Bei $N = 10$ tastet man die Einzelwertsumme um eine Kommastelle versetzt ein, d.h. also 119,1, und multipliziert mit negativ geschaltetem Rechenwerk. Im Resultatwerk erscheint die Summe der Abweichungsquadrate A, im Umdrehungszählwerk nur Nullen (Rechenkontrolle). Die Abweichungsquadratsumme ist nun durch die Zahl der Freiheitsgrade zu dividieren (im Beispiel 9), wobei die Varianz s^2 im Umdrehungszählwerk erscheint. Der Zahlenwert für s^2 ist die dritte Zahl, die im Protokoll zu notieren ist. Mit den drei Werten $\mathsf{S}x_i$, $\mathsf{S}x_i^2$ und s^2

ist die aus N Werten bestehende Meßreihe für weitere Auswertungen „aufbereitet". Sie können mit allen Rechenautomaten in einem Rechengang gewonnen werden. Die verschiedenen Maschinentypen sind unterschiedlich ausgestattet. Die Möglichkeiten, die sich durch doppelte Resultatwerke, Rückübertragungen aus dem Umdrehungszählwerk ins Rechenwerk usw. ergeben, können bei der laufenden Kontrolle kaum ausgenutzt werden.

Zahlenbeispiel für die Varianzberechnung. Um Übertragungsfehler zu vermeiden, werden alle Varianzberechnungen an Hand des Originalprotokolls vorgenommen. Für die drei Zahlenwerte $\mathsf{S}\,x_i$, $\mathsf{S}\,x_i^2$ und s^2 sind im Meßprotokoll entsprechende Rubriken vorzusehen. Tab. 2 ist der Auszug aus einem Versuchsprotokoll und enthält 10 Biegefestigkeitswerte (in kp/cm²). Da es sich um ein Übungsbeispiel für den Umgang mit Rechenmaschinen handelt, sind in der letzten senkrechten Spalte die Einzelwertquadrate angegeben, die in der Praxis nicht gebraucht werden. Die zu übertragenden Werte sind in diesem Beispiel dick umrandet.

Um sich von der Größenordnung der berechneten Varianz eine Vorstellung zu machen, berechnet man durch Wurzelziehen die Standardabweichung

$$s = \sqrt{182} = 13{,}5 \text{ kp/cm}^2$$

und drückt sie in Prozenten des zugehörigen Mittelwertes aus. Man erhält damit den sogenannten „Variationskoeffizienten", der mit V bezeichnet wird.

Tabelle 2. *Numerische Berechnung der Varianz von $N = 10$ Werten*

Meßwert (i)	x_i	x_i^2
1	196	38416
2	191	36481
3	210	44100
4	185	34225
5	216	46656
6	224	50176
7	201	40401
8	185	34225
9	188	35344
10	195	39025
Summen	1991	398049
	$-\frac{1991^2}{10}$	$= -396408$
	$A =$	1641
$s^2 = \frac{A}{N-1} = \frac{1641}{9}$	$=$	182

Mit $\bar{x} = 1991/10 = 199{,}1\ \text{kp/cm}^2$ und $s = 13{,}5\ \text{kp/cm}^2$ beträgt der *Variationskoeffizient*

$$V = 100 \cdot \frac{13{,}5}{199{,}1} = 6{,}8\%$$

Der Variationskoeffizient dient zur überschläglichen Beurteilung eines Merkmales und wird daher nur gelegentlich bestimmt. In den Auswertungen braucht daher keine besondere Rubrik für s und V vorgesehen zu werden.

Außer der Varianz s^2 kommt als statistische Maßzahl für die Schwankungen die *Spannweite* R (von range) in Frage. Man versteht darunter den Abstand zwischen dem kleinsten und dem größten Einzelwert einer Meßreihe. Sie kann daher sehr einfach bestimmt werden

$$R = {}_{\max}x - {}_{\min}x \tag{6}$$

Wenn die ersten 25 Platten geprüft und ausgewertet sind, muß entschieden werden, welches Schwankungsmaß laufend registriert werden soll. Die Varianz s^2 hat einen größeren Aussagewert als die Spannweite, erfordert aber einen gewissen Rechenaufwand. Es ist daher ratsam, beim Auswerten der ersten 25 Platten beide Maßzahlen auszuziehen und einen Auswertebogen nach folgendem Muster anzulegen.

In der ersten Spalte sind geeignete Kenndaten der geprüften Platte zu vermerken, z.B. Herstelltag, Arbeitsschicht, usw. Man braucht sie, wenn sich beim Vergleich einer größeren Zahl von Stichproben Anomalien einstellen.

Muster eines Auswertebogens (Zahlenbeispiel Biegefestigkeit)

Herstell-Angaben	N	$S\,x_i$	$S\,x_i^2$	$\bar{x}$	${}_{\min}x \quad {}_{\max}x$	R	s^2
10.7.62/III	10	1991	398049	199	185···224	39	182
...	...	...	...	...	... ...	...	...
...	...	...	...	...	... ...	...	...

6. Kontrolle der Häufigkeitsverteilung

Beim Aufstellen der Kontrollkarten für eine zu überwachende Grundgesamtheit geht man von der stillschweigenden Voraussetzung aus, daß sie normal verteilt ist. An Zahlenbeispielen soll geprüft werden, ob das wirklich der Fall ist. Gegeben sind die Kontrollergebnisse für die vier Standardmerkmale der 19 mm dicken Spanplatten eines deutschen Industriewerkes, insgesamt also 4 Kollektive vom Umfang $N = 250$. Für das Auszählen der Häufigkeitsverteilungen wurden sie in $m \sim 10$ Klassen eingeteilt, deren Breite c in Tab. 3 angegeben ist.

Zum Auszählen der Häufigkeiten legt man eine „Strichliste" an, in der jeder Zahlenwert in der Klasse abgestrichen wird, in die er hinein-

Tabelle 3. *Klasseneinteilung der 4 Kollektive $N = 250$*

Merkmal	Rohdichte ϱ kg/m³	Biege-festigkeit σ_{bB} kp/cm²	Querzug-festigkeit $\sigma_{zB\perp}$ kp/cm²	Dicken-quellung q_2 %
c = Klassenbreite	20	10	0,6	0,6

fällt. Meßwerte, die auf die Klassengrenze fallen, werden je zur Hälfte auf die beiden angrenzenden Klassen verteilt. Man teilt daher die Strichliste in eine Spalte für „ganze" und eine für „halbe" Meßwerte ein. In dem nachstehenden Muster ist die Auszählung von $N = 250$ Biegefestigkeitsmessungen dargestellt.

Muster für eine Strichliste

Klassen- Breite	Mitte	Strichliste für halbe Werte	ganze Werte	Absolute Häufigkeit
150/160	155		|	1
160/170	165		||	2
170/180	175	— =	卌 卌 卌 |	17,5
180/190	185	= =	卌 卌 卌 卌 卌 卌 卌 卌 卌 |	48
190/200	195	= = =	卌 卌 卌 卌 卌 卌 卌 卌 卌 卌 |	55
200/210	205	=	卌 卌 卌 卌 卌 卌 卌 卌 卌 卌 |	51
210/220	215	= =	卌 卌 卌 卌 卌 卌 卌 卌 卌 |	47
220/230	225	=	卌 卌 卌 卌 |	22
230/240	235	— = =	|||	5,5
240/250	245		|	1
				250

Die Häufigkeitsverteilung der 4 Kollektive ist in Tab. 4 in Zahlenwerten, in Abb. 7 in Form von Staffelbildern dargestellt.

Tabelle 4

Häufigkeitsverteilung der Standardmerkmale von 19 mm dicken Spanplatten ($N = 250$)

Rohdichte kg/m³		Biegefestigkeit kp/cm²		Querzugfestigkeit kp/cm²		Dickenquellung %	
Klasse	f_m	Klasse	f_m	Klasse	f_m	Klasse	f_m
500/520	—	150/160	1	3,0/3,6	8	2,2/2,8	1
520/540	—	160/170	2	3,6/4,2	5	2,8/3,4	11
540/560	13	170/180	17,5	4,2/4,8	10	3,4/4,0	29
560/580	40,5	180/190	48	4,8/5,4	13	4,0/4,6	12
580/600	55,5	190/200	55	5,4/6,0	43,5	4,6/5,2	23
600/620	46	200/210	51	6,0/6,6	82,5	5,2/5,8	69
620/640	49,5	210/220	47	6,6/7,2	45,5	5,8/6,4	71
640/660	30,5	220/230	22	7,2/7,8	23,5	6,4/7,0	23
660/680	9	230/240	5,5	7,8/8,4	16	7,0/7,6	3
680/700	3	240/250	1	8,4/9,0	3	7,6/8,2	1
> 700	3					> 8,2	2
Summen	250		250		250		250

Um die empirischen Häufigkeitsverteilungen, die als repräsentative Stichprobe vom Umfang $N = 250$ für die Grundgesamtheit aller 19 mm dicken Spanplatten des gleichen Herstellers aufgefaßt werden, mit den Normalverteilungen gleicher Mittelwerte und gleicher Varianzen vergleichen zu können, müssen aus allen 250 Einzelwerten Mittelwert und Varianz berechnet werden. Sie betragen:

Tabelle 5. *Gesamtmittelwerte, Varianzen und Standardabweichungen der Merkmale von 10 mm dicken Spanplatten*

Merkmal	ϱ kg/m³	σ_{bB} kp/cm²	$\sigma_{zB} \perp$ kp/cm²	q_2 %	
Mittelwert $\bar{\bar{x}}$	609,5	200,6	6,30	5,46	$N = 250$
Varianz s^2	1084	242	1,19	1,37	$n = 249$
Standardabweichung s	32,9	15,55	1,09	1,17	

Die Gleichung der normierten Gauß-Verteilung lautet

$$\varphi(\lambda) = \frac{1}{\sqrt{2\pi}} e^{-\lambda^2/2} \tag{5}$$

wobei

$$\lambda = \left| \frac{x - \bar{\bar{x}}}{s} \right| \tag{7}$$

In Gl. (7) ist für x die jeweilige Klassenmitte einzusetzen. Die numerische Berechnung der Normalverteilung wird im folgenden für die Querzugfestigkeit durchgeführt. Da die Klassengrenzen bei $x = 3{,}0 - 3{,}6 - 4{,}2\ldots$ liegen, sind für die Klassenmitten die Zahlenwerte $3{,}3 - 3{,}9 - 4{,}5\ldots$ einzusetzen. Die zu den einzelnen λ-Werten gehörenden Werte $\varphi(\lambda)$ werden statistischen Tabellenwerken entnommen, z.B. Graf und Hen-

Tabelle 6. *Numerische Berechnung der Normalverteilung für die Querzugfestigkeit* ($\bar{\bar{x}} = 6{,}3$ *kp/cm²*, $s = 1{,}09$ *kp/cm²*)

Klassenmitte x	$\lvert x - \bar{\bar{x}} \rvert$	$\frac{\lvert x - \bar{\bar{x}} \rvert}{s}$	$\varphi(\lambda)$	h_m	f_m
3,3	3,0	2,75	0,0091	1,25	8
3,9	2,4	2,20	0,0355	4,88	5
4,5	1,8	1,65	0,1023	14,08	10
5,1	1,2	1,10	0,2179	29,98	13
5,7	0,6	0,55	0,3429	47,18	43,5
6,3	0	0	0,3989	54,89	82,5
6,9	0,6	0,55	0,3429	47,18	45,5
7,5	1,2	1,10	0,2179	29,98	23,5
8,1	1,8	1,65	0,1023	14,08	16
8,7	2,4	2,20	0,0355	4,88	3
			Summen:	248,38	250,0

NING[1]. Die absolute theoretische Häufigkeit in der m-ten Klasse ist dann

$$h_m = \frac{c\,N}{s}\,\varphi(\lambda) \tag{8}$$

$$h_m = \frac{0{,}6 \cdot 250}{1{,}09}\,\varphi(\lambda) = 137{,}6\,\varphi(\lambda)$$

Die in Tab. 6 berechneten absoluten theoretischen Häufigkeiten h_m sind in Abb. 7 in das Staffelbild der empirischen Häufigkeitsverteilung eingezeichnet. Beim Betrachten der beiden Verteilungen erscheint es

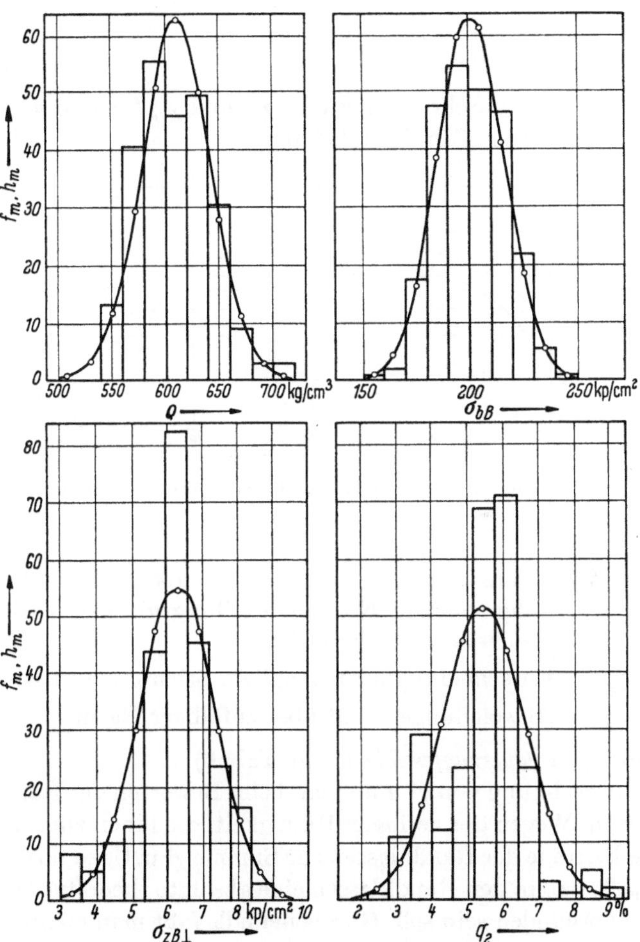

Abb. 7. Häufigkeitsstaffelbilder für 4 Merkmale von 19 mm dicken Spanplatten: Rohdichte ϱ, Biegefestigkeit σ_{bB}, Querzugfestigkeit $\sigma_{zB\perp}$ und Dickenquellung q_z; $N = 250$

[1] GRAF, U., u. H. J. HENNING: Formeln und Tabellen der mathematischen Statistik, Berlin/Göttingen/Heidelberg: Springer 1958.

zweifelhaft, ob die Abweichungen der empirischen Verteilung von der theoretischen Verteilung noch als zufällig angesehen werden können. In solchen Fällen ist es notwendig, den χ^2-Test (sprich „chi-Quadrat") durchzuführen.

Der χ^2-Test. *Rechenvorschrift.* Berechne für jede der m Klassen den Ausdruck

$$\frac{(f_m - h_m)^2}{h_m}$$

Bilde über die m Klassen die Summe

$$\chi^2 = \mathsf{S}\,\frac{(f_m - h_m)^2}{h_m}$$

Vergleiche χ^2 mit den Schrankenwerten χ^2_{95} und χ^2_{99} für $n = m - 3$ Freiheitsgrade (Abb. 8 oder Tab. I im Anhang).

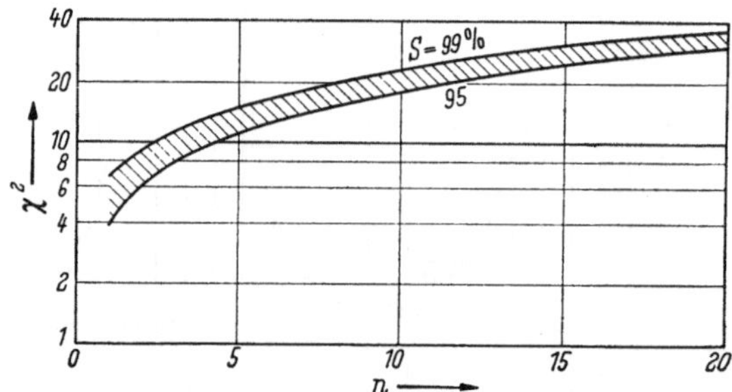

Abb. 8. Schrankenwerte für χ^2 in Abhängigkeit von der Zahl der Freiheitsgrade n

Entscheidung

$\chi^2 < \chi^2_{95}$: Häufigkeitsverteilung der Stichprobe weicht nur zufällig von der Normalverteilung gleicher Varianz und gleichem Mittelwert ab

$\chi^2_{95} < \chi^2 < \chi^2_{99}$: Entscheidung nicht möglich, Stichprobe ist zu klein

$\chi^2 > \chi^2_{99}$: Abweichungen sind über-zufälliger Natur

Zahlenbeispiel: *Querzugfestigkeit* (vgl. Tab. 6)

Bei der Berechnung von χ^2 muß man beim Bewerten der Randklassen vorsichtig sein. Wegen der geringen Häufigkeit, die ihnen zugeordnet ist, können die Beiträge der Randklassen zur Summe χ^2 u. U. zu hoch werden. Als Regel gilt, daß in den Randklassen eine absolute theoretische Häufigkeit $h_m \geq 5$ vorhanden sein soll. Gegebenenfalls faßt man mehrere Randklassen zu einer einzigen zusammen. Im Zahlenbeispiel Tab. 6 betrugen die theoretischen Häufigkeiten in den beiden ersten Klassen $h_m = 1{,}25$ bzw. 4,88. In Tab. 7 wurde daher eine neue Klasse $m = 1$ mit $h_m = 6{,}13$ und $f_m = 13$ gebildet.

Die Schrankenwerte für χ^2 sind in den statistischen Tabellenwerken tabuliert. Für überschlägliche Entscheidungen kann Abb. 8 benutzt werden. Die Zahl der Freiheitsgrade, mit der in die Tabellen oder in

Tabelle 7. *Numerische Berechnung von χ^2 für die Querzugfestigkeit. $N = 250$ Werte, $m = 9$ Klassen*

Klasse m	f_m	h_m	$\lvert f_m - h_m \rvert$	$(f_m - h_m)^2$	$\frac{(f_m - h_m)^2}{h_m}$
1	13	6,13	6,87	47,20	7,670
2	10	14,08	4,08	16,65	1,183
3	13	29,98	16,98	288,32	9,617
4	43,5	47,18	3,68	13,54	0,287
5	82,5	54,89	27,61	762,31	13,887
6	45,5	47,18	1,68	2,82	0,060
7	23,5	29,98	6,48	41,99	1,400
8	16	14,08	1,92	3,69	0,262
9	3	4,88	1,88	3,53	0,723
					$\chi^2 = 35{,}089$

Abb. 7 einzugehen ist, beträgt $n = \mathrm{m} - 3$, wenn eine empirische Verteilung durch eine Normalverteilung ersetzt wird. Allgemein ist sie gleich der Klassenzahl vermindert um die Zahl der benutzten Merkmale; für die Normalverteilung wurden die Merkmale N, $\bar{\bar{x}}$ und s benutzt.

Der für die Querzugfestigkeit (Tab. 7) gefundene Wert $\chi^2 = 35{,}09$ liegt weit über der Schranke für $S = 99\%$ ($\chi^2_{99} = 16{,}81$ bei $n = 6$). Die Abweichungen der empirischen Verteilung von der Normalverteilung sind also aus Zufällen nicht mehr erklärbar. Für die 4 Standardmerkmale ergeben sich folgende Zahlenwerte:

			Entscheidung
ϱ	Rohdichte:	$\chi^2 = 11{,}07$	—
σ_{bB}	Biegefestigkeit:	$= 7{,}07$	—
$\sigma_{zB\perp}$	Querzugfestigkeit:	$= 35{,}08$	++
q_2	Dickenquellung:	$= 87{,}16$	++

Die für die Entscheidung benutzten Symbole bedeuten:

— Unterschiede zufälliger Natur,
$\pm$ Entscheidung bleibt offen,
+ Entscheidung auf dem Niveau $S = 99\%$,
++ Entscheidung auf dem Niveau $S = 99{,}9\%$.

Deutung von Häufigkeitsverteilungen. Wenn die Häufigkeitsverteilung eines Merkmals nur zufällig von der Normalverteilung verschieden ist, was sowohl bei der Rohdichte wie bei der Biegefestigkeit erfüllt ist, können alle Schlußfolgerungen, die auf der Hypothese der Normalverteilung beruhen, mit großer Sicherheit auf die Grundgesamtheit übertragen werden. Man kann beispielsweise damit rechnen, daß bei der

Rohdichte (Abb. 7, oben links) die untere Randklasse 540/560 kg/m³ nur zufällig leer geblieben ist und daß bei fortgesetzter Prüfung mit geringer Häufigkeit Meßwerte auch in dieser Klasse auftreten werden.

Wenn die empirische Verteilung jedoch signifikant von der Normalverteilung abweicht (Querzugfestigkeit und Dickenquellung), gibt die Berechnung von χ^2 Auskunft, in welchem Teil des Schwankungsbereiches sie entstanden sind. Tab. 7 zeigt, daß die Mittelklasse 6,0/6,6 kp/cm² auffallend stark überbesetzt ist und den größten Beitrag zu χ^2 geliefert hat. Es folgt die Klasse 4,8/5,4 kp/cm², die unterbesetzt ist. Bedenklich ist die Überbesetzung der Randklasse 3,0/3,6 kp/cm², denn in DIN 68761 wird für 19 mm dicke Spanplatten eine Güteschranke von 3,5 kp/cm² als untere Grenze gefordert. Man muß daher versuchen, das Mittelwertsniveau der Querzugfestigkeit etwas zu erhöhen. Wenn das aus verfahrenstechnischen Gründen nicht möglich ist, muß ein erhöhtes Ausschußrisiko in Kauf genommen werden.

Bei der Dickenquellung (Abb. 7, unten rechts) liegt anscheinend eine zweigipflige Mischverteilung vor. Ein Teil der Meßergebnisse gruppiert sich um einen Mittelwert bei 3,7%, die Mehrzahl jedoch um einen zweiten Mittelwert bei 5,9%. Im vorliegenden Fall handelt es sich um Spanplatten, für deren Mittelschichten Restrollen und Furnierabfälle aus einer Sperrholzfabrikation verwendet wurden. Die Unterschiede im Quellverhalten der einzelnen Platten beruhen daher auf Einflüssen der Holzarten.

Zeichnen von Glockenkurven. Um einen raschen Überblick über die zur Annäherung benutzte Normalverteilung zu erhalten, kann man folgendermaßen vorgehen: in das empirische Staffelbild wird der berechnete Mittelwert $\bar{\bar{x}}$ eingetragen. Die Scheitelordinate ist nach Gl. (7) für $x = \bar{\bar{x}}$, d.h. für $\lambda = 0$

$$y_{\max} = \frac{cN}{s} 0{,}4$$

Dann werden auf der Abszissenachse vom Mittelwert aus nach links und rechts Vielfache der Standardabweichung λs abgetragen. Die zugehörigen theoretischen Häufigkeiten ergeben sich aus der folgenden Tabelle:

λ	0	0,25	0,50	1,0	1,5	2,0	2,5	3,0
$\varphi(\lambda)$	0,40	0,39	0,35	0,24	0,13	0,05	0,02	0,004

Ursachen für Anomalien in der Häufigkeitsverteilung. Bei einem nach technischer Vorstellung „gleichmäßig“ ablaufenden Herstellverfahren ist zu erwarten, daß die Eigenschaften des fertigen Erzeugnisses normal verteilt sind. Wenn die empirische Häufigkeitsverteilung jedoch Abweichungen zeigt, die aus Zufällen nicht mehr erklärbar sind, so müssen systematische Einflüsse wirksam gewesen sein, die der Häufigkeitsverteilung ein anderes Bild geben als der Zufallsverteilung entspricht. Es ist nun Aufgabe der Betriebskontrolle, in Zusammenarbeit mit dem Betriebsleiter, diese Schwankungsursachen aufzudecken.

Die *Rohdichte* hängt bei den meisten Anlagen von der Arbeitsgenauigkeit der Streumaschinen ab. Wenn die Dosierung nach Gewicht erfolgt und durch Egalisierwalzen für eine gleichmäßige Schütthöhe gesorgt wird, können überzufällige Schwankungen in der Rohdichteverteilung auf Schwankungen des Feuchtigkeitsgehaltes hindeuten. Größere Abweichungen kommen aber bei der Rohdichteverteilung selten vor.

Die *Biegefestigkeit* ist – ebenso wie die Rohdichte – fast immer normal verteilt. Abgesehen davon, daß sie korrelativ mit der Rohdichte verknüpft ist, ist sie gegen die meisten im Betrieb vorkommenden Störungen unempfindlich. Eine überzufällige Häufung niedriger Biegefestigkeitswerte deutet auf unzulängliche Härtung in der Mittelschicht hin, sofern die Dicke der geprüften Spanplatten $a \geqq 19$ mm beträgt. Äußeres Kennzeichen für Härtungsstörungen in der Mittelschicht ist ein knisterndes Geräusch, das bei Zerreißversuch kurz vor dem Erreichen der Bruchlast einsetzt, und das von der Zerstörung des Schubverbandes herrührt. Primärbrüche durch Zugspannungen in der Deckschicht erfolgen schlagartig. Wenn sich ein Biegestab in der Mitte parallel zur Plattenebene spaltet, liegt eine Härtungsstörung vor. Dieser Fehler, der bei zu kurzer Preßzeit auftreten kann, zeigt sich meist auch bei der Querzugfestigkeit und der Dickenquellung. Gegen systematische Änderungen im Harzgehalt, Feuchtigkeitsgehalt, ja sogar gegen erhebliche Änderungen bei der Dosierung des Oberflächenwassers ist die Biegefestigkeit fast unempfindlich.

Dagegen ist die *Querzugfestigkeit* gegen alle Änderungen der Verfahrenstechnik sehr empfindlich. Sie läßt sich daher viel schwerer in Kontrolle halten als Rohdichte und Biegefestigkeit. Bei überzufälliger Häufung niedriger Querzugfestigkeitswerte muß untersucht werden, an welcher Stelle die Trennung der Proben erfolgt. Bei richtigem Rohdichteprofil trennen sich die Proben im Bereich der kleinsten Rohdichte, d.h in der Plattenmitte. Trennen sich Querzugproben in der Deckschicht oder im Grenzbereich zwischen Deck- und Mittelschicht, so liegt eine Anomalie vor, die entweder auf einer unzureichenden Verdichtung (falsches Rohdichteprofil) oder auf einem zu hohen Feuchtigkeitsgehalt der Deckschicht, z.B. durch Überdosierung von Oberflächenwasser beruht. Spanplatten mit Lockerzonen an der Oberfläche neigen bei der Verarbeitung zur Ablösung von Furnieren oder Schichtbelägen.

Die überzufällige Häufung von hohen Quellwerten bei Kontrollmessungen der *Dickenquellung* ist leider nicht selten. Sie kann, worauf schon in der Einführung hingewiesen wurde, teilweise mit dem Feuchtigkeitsgehalt im Zeitpunkt der Prüfung zusammenhängen. Da stets unklimatisierte Platten geprüft werden, kann schon eine einzige, besonders trockene Platte zu einer Häufung von Randwerten führen. Es ist daher ratsam, für die Kontrolle des Feuchtigkeitsgehaltes der Platten Darrproben neben den Quellproben zu entnehmen. Wenn sich dabei herausstellt, daß die geprüfte Platte anomal trocken war, so ist dem Aufreten zu hoher Quellwerte keine Bedeutung beizumessen. Sehr häufig beruhen Anomalien der Dickenquellung aber auf der Verteilung von Quellschutzmitteln. Da die Paraffinmenge, die auf den Oberflächen der Späne zusammen mit dem Kunstharz verteilt wird, auf atro Holz berechnet nur etwa 0,3 bis 0,5% beträgt, genügt schon eine kleine Ungleichmäßigkeit in der Verteilung des Quellschutzmittels, um die Quellwerte erheblich ansteigen zu lassen.

Die Dickenquellung von Spanplatten hängt aber nicht allein vom Quellschutzmittelgehalt und seiner Verteilung ab. Alle Schwankungen im Herstellprozeß, vor allem beim Wasserhaushalt und bei der Wärmeleitung, die zu Änderungen im Ablauf der Härtungsvorgänge führen, wirken sich in der Dickenquellung aus. Sie ist daher für viele Versuche die interessanteste, zugleich aber auch die am schwersten in Kontrolle zu haltende Eigenschaft.

7. Die Schwankung der Plattenmittelwerte
(Inhomogenitätskriterien)

Das Wurzelgesetz der mathematischen Statistik. Wenn aus einer normal verteilten Grundgesamtheit (μ, σ^2) wiederholt Stichproben vom Umfang N gezogen werden, so sind die Mittelwerte dieser Stichproben um den Mittelwert μ ebenfalls normal verteilt. Die Varianz der *Stichprobenmittelwerte* ist jedoch um den Faktor $1/N$ kleiner als die Varianz der Grundgesamtheit.

$$s_{\bar{x}}^2 = \sigma^2/N \quad \text{bzw.} \quad s_{\bar{x}} = \sigma/\sqrt{N} \tag{9}$$

Gl. (9) heißt das „Wurzelgesetz der mathematischen Statistik".

Faßt man die aus k verschiedenen Platten stammenden Gruppenmittelwerte und Varianzen als Stichproben aus der Grundgesamtheit auf (jede vom Umfang l), so muß nach Gl. (9) das Produkt aus l und der aus den Abweichungen der Gruppenmittelwerte $\bar{x}_1, \bar{x}_2, \ldots, \bar{x}_k$ vom Gesamtmittel $\bar{\bar{x}}$ berechneten Varianz $s_{\bar{x}}^2$ ein Schätzwert für die unbekannte Varianz σ^2 der Grundgesamtheit sein. Zum Unterschied von dem Schätzwert s^2, der aus den Abweichungen aller Einzelwerte $x_1, x_2, \ldots, x_N$ berechnet wird, soll er mit s_1^2 bezeichnet werden.

$$s_1^2 = l\, s_{\bar{x}}^2 = \frac{A_1}{n_1} \tag{10}$$

s_1^2 soll mit dem Schätzwert s^2 verglichen werden, der aus allen $N = kl$ Werten ohne Rücksicht auf deren Plattenzugehörigkeit nach Gl. (11) erschlossen wird.

$$s^2 = \frac{\mathsf{S}(x_i - \bar{\bar{x}})^2}{N - 1} = \frac{A}{n} \qquad (11)$$

$$i = 1, 2, \ldots, N$$

Für die Abweichungen der Plattenmittel vom Gesamtmittel gilt

$$s_{\bar{x}}^2 = \frac{\mathsf{S}(\bar{x}_i - \bar{\bar{x}})^2}{k - 1} \qquad (12)$$

Setzt man Gl. (12) in Gl. (10) ein, so ergibt sich für den zweiten Schätzwert s_1^2

$$s_1^2 = \frac{l\,\mathsf{S}(\bar{x}_i - \bar{\bar{x}})^2}{k - 1} = \frac{A_1}{n_1} \qquad (13)$$

$$i = 1, 2, \ldots, k$$

Wenn die Zahlenkollektive, die bei den folgenden Zahlenbeispielen $N = 25 \cdot 10 = 250$ Werte umfassen, *homogen* sind, müssen die Plattenmittel normal mit $s_{\bar{x}}^2 = s^2/l$ verteilt sein. Ist die Verteilung der Plattenmittel jedoch durch eine größere Varianz gekennzeichnet als nach dem Wurzelgesetz erwartet wird, so ist das Kollektiv *inhomogen.* Die Gesamtverteilung aller N Werte stellt dann eine Mischverteilung dar, die wiederum normal ist. Die Varianzschätzung, die aus den Plattenmitteln erschlossen wird, ist in diesem Fall signifikant größer als die aus allen Einzelwerten berechnete Varianz. Bei der Berechnung von Kontrollgrenzen für Plattenmittelwerte muß daher geprüft werden, ob ihre Verteilung aus den Zufallsschwankungen der Grundgesamtheit erklärbar ist (Fall der Homogenität) oder ob sie einem anderen Gesetz gehorcht (Fall der Inhomogenität). Die zur Berechnung der Kontrollgrenzen aufbereiteten Meßergebnisse sind also einer Inhomogenitätsprüfung zu unterwerfen, die mit Hilfe von Varianzanalysen durchgeführt wird.

Die einfache Varianzanalyse. Die Varianzanalysen, deren Methodik dem englischen Mathematiker R. A. Fisher zu verdanken ist, gehören zu den vielseitigsten und elegantesten statistischen Verfahren. Die Gedankengänge, die ihnen zugrunde liegen, werden zunächst in allgemeiner Form dargestellt und anschließend an einem Zahlenbeispiel erläutert. Der Leser kann aber auch zuerst die Rechenvorschrift auf S. 35 studieren und sich anschließend darüber informieren, wie sie entstanden ist.

Bei Varianzanalysen werden die Summen der Abweichungsquadrate und die Freiheitsgrade in bestimmter Form zerlegt. Die Varianzanalyse wird daher im Schrifttum auch „Streuungsaufteilung, Streuungszerlegung, Streuungsanalyse usw." genannt. Die wörtliche Übersetzung von „analysis of variance" wurde gewählt, weil sie falsche Vorstellungen ausschließt, die mit dem deutschen Wort „Streuung" verbunden werden könnten.

Gegeben sei ein Kollektiv vom Umfang N, das aus k Gruppen, jede vom Umfang l besteht, sowie deren Gruppenmittelwerte $\bar{x}_1, \bar{x}_2, \ldots, \bar{x}_k$ und Varianzen ${}_1s^2, {}_2s^2, \ldots, {}_ks^2$. Der Gesamtmittelwert aller N Werte ist

$$\bar{\bar{x}} = \frac{\overset{k}{\mathsf{S}}\,\bar{x}_i}{k} = \frac{\overset{l}{\mathsf{S}}\overset{k}{\mathsf{S}}\,x_i}{N} \tag{14}$$

Die *Gesamtsumme der Abweichungsquadrate* aller N Werte vom Mittelwert $\bar{\bar{x}}$ ist dann

$$A = \mathsf{SS} x_i^2 - \frac{(\mathsf{SS}\, x_i)^2}{N} \tag{15}$$

mit $n = N - 1$ Freiheitsgraden

Die Gesamtsumme der Abweichungsquadrate und Freiheitsgrade wird in zwei Komponenten zerlegt:

$$A = A_1 + A_2 \tag{16}$$

und $n = n_1 + n_2$

A_1 ist die Summe der Quadrate aus den Abweichungen der Gruppenmittel vom Gesamtmittel. Sie beträgt nach Gl. (13)

$$A_1 = l \overset{k}{\mathsf{S}} (\bar{x}_i - \bar{\bar{x}})^2 \tag{17}$$

mit $n_1 = k - 1$ Freiheitsgraden

A_2 ist der Rest der Abweichungsquadrate, der nach Abspaltung von A_1 verbleibt:

$$A_2 = A - A_1$$

mit $n_2 = N - 1 - k + 1 = N - k$ Freiheitsgraden

Die Definitionsgleichung (17) wird nach dem Schema $A = \mathsf{S}\, x_i^2 - \frac{(\mathsf{S}\, x_i)^2}{N}$ umgeformt, wobei die Gruppenmittelwerte durch die Quotienten aus der Einzelwertsumme und der Probenzahl ersetzt werden;

$$\bar{x}_1 = \frac{{}_1\mathsf{S}\, x_i}{l}, \quad \bar{x}_2 = \frac{{}_2\mathsf{S}\, x_i}{l}, \quad \ldots, \quad \bar{x}_k = \frac{{}_k\mathsf{S}\, x_i}{l}$$

Gl. 17 geht dann in die Form über

$$A_1 = \underbrace{\frac{({}_1\mathsf{S}\, x_i)^2 + \cdots ({}_k\mathsf{S}\, x_i)^2}{l}}_{\text{II}} - \underbrace{\frac{(\mathsf{SS}\, x_i)^2}{N}}_{\text{I}} \tag{17a}$$

Setzt man in Gl. (15) die Summe der Einzelwertquadrate

$$\mathsf{S}\mathsf{S}^{l\,k} x_i^2 = \mathrm{III}$$

ein, so erhält man für die Komponenten der Gesamtquadratsumme folgende Rechenvorschrift

$$\begin{aligned} A_1 &= \mathrm{II} - \mathrm{I} \\ A_2 &= \mathrm{III} - \mathrm{II} \\ \hline A = A_1 + A_2 &= \mathrm{III} - \mathrm{I} \end{aligned} \tag{18}$$

Dividiert man die Abweichungsquadrate durch die Zahl der zugehörigen Freiheitsgrade, so erhält man Varianzen nach folgendem Schema

	Summe der Abweichungsquadrate	Zahl der Freiheitsgrade	Varianz
Zwischen den Gruppen	$A_1 = \mathrm{II} - \mathrm{I}$	$n_1 = k - 1$	$s_1^2 = A_1/n_1$
Innerhalb der Gruppen	$A_2 = \mathrm{III} - \mathrm{II}$	$n_2 = N - k$	$s_2^2 = A_2/n_2$
Total	$A = \mathrm{III} - \mathrm{I}$	$n = N - 1$	$s^2 = A/n$

Das ist das Aufteilungsschema für eine einfache Varianzanalyse. Sie heißt „einfach", weil die Gesamtsumme der Abweichungsquadrate nach einem einzigen Gesichtspunkt aufgeteilt wurde, nämlich nach den Gruppen (Platten). Wenn das Kollektiv nach mehreren Gesichtspunkten geordnet werden kann, spricht man von „mehrfachen" Varianzanalysen. Die Berechnung der verschiedenen Schätzwerte hat folgende Bedeutung:

s_1^2 ist ein aus den Abweichungen der *Gruppenmittel* erschlossener Schätzwert für die Varianz der Grundgesamtheit.

s_2^2 ist ein weiterer Schätzwert für die Varianz der Grundgesamtheit, und zwar die *durchschnittliche* Varianz *innerhalb* der k Gruppen (was hier ohne Beweis mitgeteilt wird). Der bei der Varianzanalyse ermittelte Wert von s_2^2 ist identisch mit

$$s_2^2 = ({}_1s^2 + {}_2s^2 + \cdots {}_ks^2)/k = \mathsf{S}\,s^2/k \tag{19}$$

Gl. (19) kann daher als Rechenkontrolle für den Analysengang benutzt werden.

Wenn das untersuchte Kollektiv homogen ist, sind die beiden Schätzwerte s_1^2 und s_2^2 nur zufällig voneinander verschieden. Wenn zwischen den beiden Schätzwerten jedoch ein gesicherter Unterschied festgestellt wird, d.h. wenn s_1^2 signifikant größer ist als s_2^2, muß das Kollektiv inhomogen sein, was bei Spanplatteneigenschaften ebenso wie bei allen Holzeigenschaften fast immer der Fall sein wird. Die Inhomogenitätsprüfung läuft also auf den Vergleich verschiedener Varianzen hinaus. Sie wird mit Hilfe des F-Tests entschieden.

Der Varianz-Quotienten-Test. Gegeben sind zwei Varianzen s_1^2 und s_2^2, die mit den Freiheitsgraden n_1 und n_2 verknüpft sind. Es wird gefragt, ob die beiden Varianzen mehr als zufällig voneinander verschieden sind. Man bildet daher den Quotienten der beiden Varianzen

$$\alpha = s_1^2/s_2^2 \tag{20}$$

Der Quotient zweier Varianzen gehorcht der F-Verteilung, so daß man Schrankenwerte berechnen kann, innerhalb derer ein zahlenmäßiger Unterschied zwischen s_1^2 und s_2^2 beurteilt werden kann. Die für die statistischen Sicherheiten $S = 95\%$, 99% und $99{,}9\%$ maßgebenden Schrankenwerte der F-Verteilung sind in statistischen Tabellenwerken tabuliert. Die *Entscheidung* lautet:

$\alpha < F_{95}$ Der Unterschied zwischen s_1^2 und s_2^2 ist zufällig.

$F_{95} < \alpha < F_{99}$ Keine Entscheidung. Stichprobenumfang muß vergrößert werden, um Entscheidung treffen zu können.

$\alpha > F_{99}$ Der Unterschied zwischen s_1^2 und s_2^2 ist aus zufälligen Schwankungen nicht erklärbar und gilt als gesichert.

Bei der Beurteilung der *Inhomogenität* von Meßergebnissen an Spanplatten handelt es sich darum, den Unterschied der beiden Varianzen s_1^2 und s_2^2 zu prüfen, die mit Hilfe einer Varianzanalyse berechnet wurden. Dabei ist s_1^2, der aus k Platten berechnete Schätzwert für die Varianz, mit $n_1 = k - 1$ Freiheitsgraden verknüpft. Soweit es sich um die Standardmerkmale handelt, werden innerhalb jeder Platte $l = 10$ Proben geprüft. In diesen Fällen ist also die durchschnittliche Varianz innerhalb der Platten (s_2^2) mit

$$n_2 = N - k = k\,(l - 1) = 9\,k$$

verknüpft. Für $n_1 = k - 1$ und $n_2 = 9\,k$ sind die Schrankenwerte der F-Verteilung in Abb. 9 dargestellt.

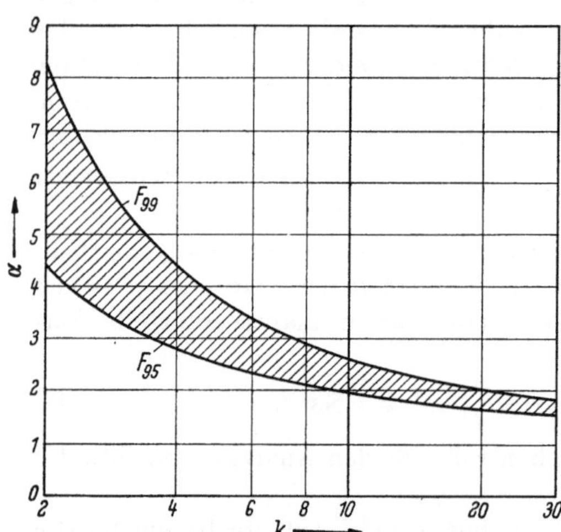

Abb. 9. Schranken der F-Verteilung für $S = 95\,\%$ und $99\,\%$ zur Inhomogenitätsprüfung von Kollektiven aus k Gruppen mit je 10 Werten

Für beliebige Werte von n_1 und n_2 gilt Tab. III (Anhang). Man braucht daher nur nachzusehen, ob der berechnete Wert $\alpha = s_1^2/s_2^2$ unter- oder oberhalb des schraffiert gezeichneten Zweifelsbereiches liegt (Bereich zwischen $S = 95\%$ und $S = 99\%$).

Bei *Schlußfolgerungen* aus dem F-Test im Anschluß an Varianzanalysen ist jedoch folgendes zu beachten:

a) Es wird angenommen, daß die Grundgesamtheit, aus der die Stichproben stammen, normal verteilt ist. Diese Voraussetzung ist, wie bei der Nachprüfung der vier Standardmerkmale festgestellt wurde, nicht immer exakt gegeben. Damit wird der Aussagewert der Varianzanalyse etwas eingeschränkt. Solange die Stichproben jedoch *annähernd* normal verteilt sind, ist der F-Test anwendbar. In Zweifelsfällen wird man eine Entscheidung auf einem erhöhten Sicherheitsniveau, z.B. bei $S = 99{,}9\%$ herbeiführen.

b) Die Varianzanalysen gehen von der Voraussetzung aus, daß die Varianzen innerhalb der k Gruppen nur zufällig voneinander verschieden sind, was mit Hilfe des Bartlett-Tests nachgeprüft werden kann (vgl. S. 54). Zahlreiche Untersuchungen an Spanplatten haben jedoch gezeigt, daß die Schwankungen innerhalb einzelner Platten annähernd konstant bleiben und vermutlich nur von der Arbeitsgenauigkeit der Maschinenanlage und ihrer Bedienung abhängen. Sie können aber zwischen verschiedenen Maschinenanlagen erheblich sein, so daß beim Vergleich von Meßergebnissen aus verschiedenen Werken Vorsicht geboten ist.

Die Schwankung der Plattenmittel bei inhomogenen Grundgesamtheiten. Da sich die Güteschranken in DIN 68761 auf die Mittelwerte einzelner Platten beziehen, wird auch die Betriebskontrolle auf Plattenmittelwerte abgestellt. Bezeichnet man die Varianz der Gruppenmittel mit s_m^2, so ist diese

bei *homogener* Grundgesamtheit $$s_m^2 = s^2/l \tag{21}$$

bei *inhomogener* Grundgesamtheit $$s_m^2 = (s_1^2 - s_2^2)/l\,. \tag{22}$$

wobei s^2 die aus den Einzelwerten berechnete totale Varianz ist.

Gl. (22) gilt für angenommene unendlich viele Gruppen und wird als die Varianz der „idealisierten Gruppenmittel" bezeichnet. Führt man in Gl. (22) das Inhomogenitätsmaß $\alpha = s_1^2/s_2^2$ ein, so erhält man

$$s_m^2 = (\alpha - 1)\,\frac{s_2^2}{l} \tag{23}$$

Gl. (23) zeigt, in welchem Maß eine Gesamtverteilung verbreitert wird, wenn sie inhomogen ist. Für Zahlenwerte von $\alpha \leqq 2$ liefert Gl. (23) zu kleine Werte für s_m^2. In diesem Fall ist Gl. (21) zu benutzen, wenn sie höhere Werte ergibt.

Der Vertrauensbereich von Mittelwerten. Der Ersatz der unbekannten Parameter einer *Grundgesamtheit* durch die Parameter einer *Stichprobe* beruht auf der Annahme, daß zwischen beiden keine bedeutsamen Unterschiede bestehen können. Die Schätzwerte sind aber mit Fehlern behaftet, und es wird gefragt, wie groß diese sein können. Gegeben seien die Maßzahlen $\bar{x}$ und s^2 einer Stichprobe vom Umfang N. Der Schätzwert $\bar{x}$ gehört nach dem Wurzelgesetz Gl. (9) einer Normalverteilung mit der Varianz s^2/N an. Es ist aber unbekannt, an welcher Stelle der Verteilung $\bar{x}$ liegt. Stammt er aus dem linken Ast der Normalverteilung in Abb. 10, so müßte der Schätzwert $\bar{x}$ um einen Betrag $+p$ vergrößert werden, um den wahren Mittelwert μ zu erhalten. Stammt er aus dem rechten Ast, so wäre die Schätzung zu groß. Der Fehler der Schätzung $\bar{x}$ beträgt $s/\sqrt{N}$. Wenn $s^2 \equiv \sigma^2$ wäre, kann die Schwankung höchstens $p = \pm 3s/\sqrt{N}$ betragen. Allgemein läßt sich daher ein „Vertrauensbereich" $\bar{x} \pm p$ angeben, in dem das wahre Mittel μ der Grundgesamtheit erwartet werden muß. Nun ist aber auch die Varianzschätzung s^2 mit einem Fehler behaftet, der um so größer ist, je kleiner der Stichprobenumfang N gewählt wurde. Dieser Schätzfehler wird durch die sogenannte „t-Funktion" berücksichtigt. Man schreibt daher für den Vertrauensbereich

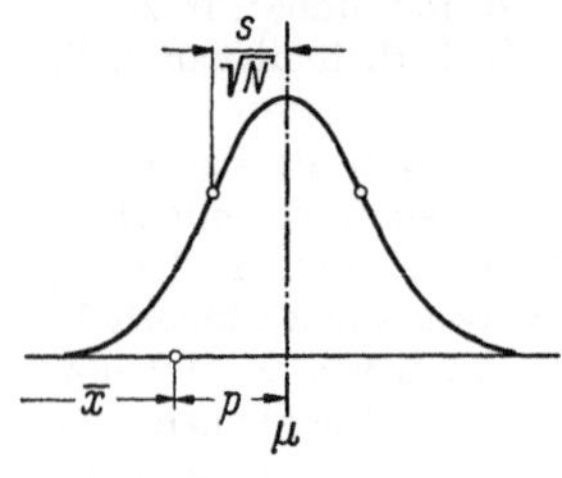

Abb. 10. Vertrauensbereich eines Mittelwertes

$$p = ts/\sqrt{N}. \tag{24}$$

Der Faktor t, der aus Tab. II (Anhag) entnommen werden kann, berücksichtigt einmal den Stichprobenumfang und zum anderen die verlangte statistische Sicherheit. Die Zahl der Freiheitsgrade für die Benutzung der t-Tabelle beträgt $n = N - 1$. Für Stichproben vom Umfang $N \geqq 50$ kann t durch die λ-Werte der Normalverteilung ersetzt werden. Es gilt dann

Statistische Sicherheit	95%	99%	99,9%
$t = t_\infty = \lambda$	1,96	2,59	3,09

Der Vertrauensbereich eines Mittelwertes $\bar{x} \pm p$ kann in den Einheiten von $\bar{x}$, als Vielfaches von $\bar{x}$ oder in Prozenten von $\bar{x}$ angegeben werden. Man schreibt dazu

$$\bar{x} \pm p = \bar{x}\left(1 \pm \frac{p}{\bar{x}}\right)$$

wobei

$$\frac{p}{\bar{x}} = \frac{t}{\sqrt{N}} \frac{s}{\bar{x}} \tag{25}$$

Gl. (22) gilt aber nur für den Vertrauensbereich von Stichproben aus homogenen Grundgesamtheiten. Bei *inhomogenen* Kollektiven ist

$$p = t\frac{s_1}{\sqrt{N}} \tag{26}$$

$$(t \text{ für } n_1 = k - 1)$$

Für überschlägliche Rechnungen kann der Faktor t aus Abb. 11 entnommen werden.

Gl. (23) zeigt, daß der Vertrauensbereich eines Mittelwertes aus inhomogenen Kollektiven erheblich breiter ist als bei homogenen Kollektiven mit gleicher totaler Varianz. In grober Annäherung wächst er mit $\sqrt{\alpha} = s_1/s_2$. Der Faktor der statistischen Sicherheit t, der in Gl. (23) einzusetzen ist, hängt von der Zahl der geprüften Platten ab. Er ist um so größer, je kleiner k gewählt wird. Für die Beurteilung eines Mittelwertes aus inhomogenen Kollektiven ist daher die Zahl der geprüften Platten von entscheidender Bedeutung. Eine inhomogene Grundgesamtheit kann erst abgeschätzt werden, wenn eine hinreichende Plattenzahl erfaßt ist. Aus diesem Grund verlangt die Gütegemeinschaft Spanplatten bei der Zulassung eines Bewerbers um das Gütezeichen, daß Aufzeichnungen der Betriebskontrolle Prüfergebnisse über mindestens 20 verschiedene Platten aus jeder Grundgesamtheit vorzulegen sind.

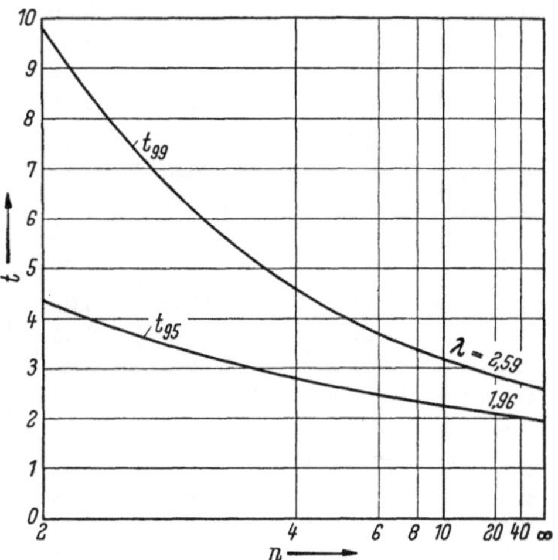

Abb. 11. Zahlenwerte für $t = f(n)$ bei $S = 95\%$ und $S = 99\%$

Zahlenbeispiel für die Prüfung eines Zahlenkollektivs auf Inhomogenität. *Einfache Varianzanalyse.* Gegeben sind die Kontrollergebnisse von 25 Spanplatten, 19 mm dick, die in einem Industrielaboratorium im Verlauf von 9 Monaten angefallen sind.

Aus diesen Messungen, die für alle vier Standardmerkmale ausgeführt wurden, sind die Zahlenwerte für die *Querzugfestigkeit* in Tab. 8 übertragen. Das aus $k = 25$ Platten, $l = 10$ Proben und $N = 250$ Werten bestehende Zahlenkollektiv ist nach den Rechenvorschriften auf S. 29ff. einer einfachen Varianzanalyse zu unterwerfen.

Rechenvorschrift

a) Berechne die *Quadratsummen*

$$\left.\begin{aligned} \mathrm{III} &= \mathsf{SS}\, x_i^2 && = 10215{,}0377 \text{ aus Spalte 3} \\ \mathrm{II} &= (65{,}60^2 + \cdots 75{,}22^2)/10 && = 10056{,}5266 \text{ aus Spalte 2} \\ \mathrm{I} &= (\mathsf{SS}\, x_i)^2/N = 1574{,}67^2/250 && = 9918{,}3424 \text{ aus Spalte 2} \end{aligned}\right\} \text{Tab. 8}$$

Tabelle 8

Kontrollergebnisse für die Querzugfestigkeit ($k = 25$ *Platten*, $l = 10$ *Proben*, $N = 250$)

Datum	$\text{S}\, x_i$	$\text{S}\, x_i^2$	$\bar{x}$	$\min x \cdots \max x$	R	s^2
4.1.61	65,60	434,1248	6,56	5,28···7,52	2,24	0,4210
11.1.61	59,58	360,3268	5,96	5,28···6,88	1,60	0,5944
12.1.61	48,14	239,2196	4,81	3,20···6,08	2,88	0,8304
16.1.61	61,92	384,4992	6,19	5,76···7,04	1,28	0,1212
14.2.61	66,76	449,7288	6,68	5,92···8,00	2,08	0,4488
2.3.61	64,76	424,8272	6,48	5,44···7,56	2,12	0,6046
10.3.61	58,40	352,7040	5,84	3,20···6,88	3,68	1,2940
13.3.61	63,36	403,0080	6,34	5,76···7,04	1,28	0,1732
17.3.61	68,48	473,9200	6,85	5,92···8,00	2,08	0,5521
27.3.61	66,60	447,2144	6,66	5,92···8,00	2,08	0,4065
13.4.61	59,20	357,3760	5,92	4,96···8,00	3,04	0,7680
17.4.61	64,08	413,0880	6,41	5,60···7,36	1,76	0,2737
18.4.61	58,80	373,7408	5,88	3,52···8,16	4,64	3,1107
19.4.61	54,32	307,7696	5,43	3,20···7,52	4,32	1,4114
27.4.61	61,35	378,9425	6,14	5,28···7,04	1,76	0,2845
22.6.61	65,52	432,5568	6,55	5,60···7,68	2,08	0,3633
2.7.61	61,84	389,7280	6,18	4,32···7,52	3,20	0,8122
7.7.61	62,88	398,8224	6,29	4,96···7,04	2,08	0,3814
18.7.61	62,40	390,8864	6,24	5,76···7,12	1,36	0,1678
20.7.61	41,94	182,7972	4,19	3,20···5,46	2,26	0,7668
14.9.61	70,88	508,4288	7,09	5,60···8,16	2,56	0,6702
15.9.61	68,16	475,9168	6,82	4,48···8,64	4,16	1,2598
19.9.61	78,88	628,5184	7,89	6,88···8,80	1,92	0,7014
21.9.61	65,60	432,9856	6,56	5,60···7,52	1,92	0,2944
29.9.61	75,22	573,9076	7,52	5,92···8,96	3,04	0,9003
SS	1574,67	10215,0377		S	61,42	17,6121

b) Berechne die *Summen der Abweichungsquadrate* und die *Freiheitsgrade*

$$A_1 = \text{II} - \text{I} = 138{,}1842 \qquad n_1 = k - 1 = 24$$
$$A_2 = \text{III} - \text{II} = 158{,}5111 \qquad n_2 = N - k = 225$$
$$A = \text{III} - \text{I} = 296{,}6953 \qquad n = N - 1 = 249$$

c) Berechne die *Varianzen* nach dem Aufteilungsschema

	Summe der Abweichungsquadrate	Freiheitsgrade	Varianzen
Zwischen den Gruppen	$A_1 = 138{,}1842$	$n_1 = 24$	$s_1^2 = 5{,}758$
Innerhalb der Gruppen	$A_2 = 158{,}5111$	$n_2 = 225$	$s_2^2 = 0{,}704$
Total	$A = 296{,}6953$	$n = 229$	$s^2 = 1{,}192$

wobei $s_1^2 = A_1/n_1 \qquad s_2^2 = A_2/n_2 \qquad$ und $\qquad s^2 = A/n$

d) *Kontrolliere* die Varianzberechnung

$$s_2^2 = \frac{1}{k} \mathsf{S}\, s^2 \qquad \text{durch Summierung der Spalte 7}$$

$$s_2^2 = 17{,}6121/25 = 0{,}704 = A_2/n_2$$

e) Berechne den *Varianzkoeffizienten*

$$\alpha = s_1^2/s_2^2 = 5{,}758/0{,}704 = 8{,}18$$

f) *Prüfe* den berechneten Varianzquotienten durch Vergleich mit den Schrankenwerten der F-Funktion für die Freiheitsgrade $n_1 = 24$ und $n_2 = 225$ bei $S = 95\%$ und 99%.

Denkt man sich den errechneten Wert $\alpha = 8{,}18$ über $k = 25$ in Abb. 9 eingetragen, so liegt er sehr weit über der F-Schranke bei 99%iger Sicherheit. In Tabellen findet man

$$F_{95} = 1{,}57 \qquad F_{99} = 1{,}88 \qquad F_{99,9} = 2{,}30$$

Das Zahlenkollektiv ist also mit an Sicherheit grenzender Wahrscheinlichkeit inhomogen. Daraus folgt:

a) Der Vertrauensbereich des Gesamtmittelwertes $\bar{\bar{x}}$ muß aus der Standardabweichung der Plattenmittel s_1 nach Gl. (23) berechnet werden.

$$\bar{\bar{x}} = \frac{1574{,}67}{250} = 6{,}3\,\text{kp/cm}^2 \qquad \text{Tab. 8, Spalte 2}$$

$$p = 2{,}06\,\frac{2{,}36}{15{,}81} = 0{,}31\,\text{kp/cm}^2 \qquad \text{aus Gl. (26)}$$

$t = 2{,}06$ für $n = 24$ und $S = 95\%$

$$p\% = 100\,\frac{p}{\bar{\bar{x}}} = 4{,}9\%$$

Trotz der großen Stichproben von $N = 250$ Messungen kann der wahre Mittelwert der Grundgesamtheit mit 95%iger Sicherheit nur in einem Bereich $\bar{\bar{x}} \pm p = 6{,}0$ bis 6,6 kp/cm² festgelegt werden.

b) Die Schwankung der Plattenmittelwerte, die der Aufstellung von Kontrollkarten zugrunde gelegt werden muß, ist aus Gl. (22) oder (23) zu berechnen.

$$s_m^2 = \frac{(s_2^2 - s_1^2)}{l} = \frac{5{,}76 - 0{,}70}{10} = 0{,}506$$

$$s_m = \sqrt{0{,}506} = 0{,}711$$

Die Gesamtauswertung der Varianzanalysen ist außer für die Querzugfestigkeit auch für die drei anderen Merkmale (Rohdichte, Biegefestigkeit und Dickenquellung) in Tab. 11 zusammengestellt (s. S. 46).

Die geprüften 19 mm dicken Spanplatten gehören zu den Qualitätserzeugnissen, die das Gütezeichen nach DIN 68761 führen. Die Zahlenwerte für Mittelwerte, Vertrauensbereiche und Varianzen entsprechen dem Durchschnitt der bei den Zulassungsprüfungen gefunden wurde und können daher auch in quantitativer Hinsicht als Anhaltspunkte für die Beurteilung einer Spanplattenanlage verwendet werden.

8. Die Methode der Kontrollkarten

Um das Ergebnis der laufenden Prüfung von Spanplatten schnell beurteilen zu können, bedient man sich graphischer Hilfsmittel. Sie bestehen aus Diagrammen, deren Abszisse einen Zeitmaßstab und deren Ordinaten die jeweils festgestellten statistischen Maßzahlen darstellen. Solche Diagramme werden *Kontrollkarten* genannt, wobei der aus dem englischen Sprachgebrauch (chart) übernommene Begriff „Karten" nicht wörtlich zu verstehen ist. Da die statistischen Maßzahlen Verteilungsgesetzen gehorchen, lassen sich für die Wahrscheinlichkeit, daß eine solche Maßzahl in einen bestimmten Spannweitenbereich hineinfällt, Grenzen berechnen. Trägt man diese Grenzen in die Kontrolldiagramme ein, so ergibt sich aus der Lage der Eintragungen eine sofortige Übersicht darüber, ob ein Fertigungsprozeß „in Kontrolle" liegt oder nicht. Die Kontrollgrenzen werden dazu mit bestimmten statistischen Sicherheiten gekoppelt.

Der Sicherheitsbegriff. Die zwischen der Glockenkurve einer Normalverteilung ($\bar{x}$, s^2) und der Abszisse eingeschlossene Fläche stellt die Summenhäufigkeit des Merkmales x dar. Diese Gesamtfläche kann gleich 1 (Division durch N) oder gleich 100 (Prozent) gesetzt werden. Es wird gefragt, wie groß der Anteil an der Gesamtfläche ist, der von der Glockenkurve (oben), der Abszissenachse (unten) und von zwei Ordinaten eingeschlossen wird, die im Abstand λs nach links und rechts vom Mittelwert $\bar{x}$ abgetragen werden (Abb. 12). Diese Integralwerte der Normalverteilung sind in allen statistischen Tabellenwerken tabuliert. Sie geben an, wie groß der Anteil der Grundgesamtheit ist, der in den Grenzen $-\lambda s$ und $+\lambda s$ erwartet werden kann. Für $\lambda = 1$ beträgt er beispielsweise 68,26%. Das bedeutet, daß 68,26% aller Werte, die das Merkmal x annehmen kann, in den Grenzen $\pm 1 s$ liegen werden. Anders ausgedrückt: die Wahrscheinlichkeit dafür, daß ein Zahlenwert des Merkmals x in den Bereich zwischen $-s$ und $+s$ fällt, beträgt 68,26%. Die Gegenwahrscheinlichkeit, daß Zahlenwerte außerhalb der Grenzen $-s$ und $+s$ liegen, beträgt somit 100 – 68,26%.

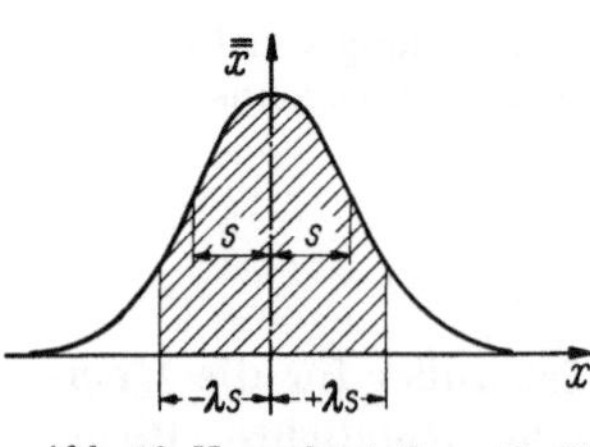

Abb. 12. Normalverteilung ($\bar{x}$, s^2)

Die Wahrscheinlichkeit, daß die Zahlenwerte eines Merkmales in einen bestimmten Bereich fallen, heißt „statistische Sicherheit" und wird mit S bezeichnet und meist in Prozenten angegeben. Statistische Sicherheit und Gegen- oder „*Irrtumswahrscheinlichkeit*" S' ergeben zusammen 100%

$$S + S' = 100\%$$

Wählt man für λ gerade Zahlenwerte, z. B. $\lambda = 1, 2, 3, \ldots$, so ergibt die Integration von $-\lambda$ bis $+\lambda$ ungerade Zahlenwerte für die statistische Sicherheit.

Bereich von $-\lambda$ bis $+\lambda$	Sicherheit S	Irrtumswahrscheinlichkeit S'
$-1\cdots+1$	68,26%	31,74%
$-2\cdots+2$	95,44%	4,56%
$-3\cdots+3$	99,73%	0,27%

Wenn für die statistische Sicherheit gerade Zahlenwerte gewählt werden, so erhält man ungerade Zahlen für die zugehörigen λ-Werte (Bereichsgrenzen), denen die gewählte statistische Sicherheit entspricht.

Die Wahl der Bereiche oder der statistischen Sicherheiten ist an sich beliebig und wird von Fall zu Fall festgelegt. Die Bereiche $\lambda = 1, 2, 3$ bzw. $S = 95$, 99 und 99,9% sind jedoch international gebräuchlich und sind in allen Tabellenwerken tabuliert.

Sicherheit S	Bereich von $-\lambda$ bis $+\lambda$
95%	$-1{,}96\cdots+1{,}96$
99%	$-2{,}58\cdots+2{,}58$
99,9%	$-3{,}29\cdots+3{,}29$

Die Irrtumswahrscheinlichkeit S' schließt sowohl die Überschreitung wie die Unterschreitung des Bereiches der statistischen Sicherheit ein. Bei symmetrischen Verteilungen sind Über- und Unterschreitungswahrscheinlichkeit gleich. Bei $S = 95\%$ beträgt also die Unter- und die Überschreitungswahrscheinlichkeit je 2,5%. Wenn die Toleranz eines Merkmals durch eine untere *und* eine obere Grenze definiert ist, spricht man von einer *zweiseitigen* Fragestellung und sinngemäß von einer zweiseitigen statistischen Sicherheit. Die vorher angegebenen Zahlenwerte für Bereiche und Sicherheit beziehen sich also auf zweiseitige Fragestellungen. Ein Beispiel dafür sind die Dickentoleranzen in DIN 68761 ($\pm 0{,}3$ mm).

In vielen Fällen wird aber nur eine obere *oder* eine untere Toleranzgrenze festgelegt. Für die Biegefestigkeit und die Querzugfestigkeit von Spanplatten sind *untere Güteschranken* festgelegt, die nicht unterschritten werden dürfen. Die Dickenquellung wird durch eine *obere Güteschranke* begrenzt, die nicht überschritten werden darf. Hier handelt es sich also um einseitige Fragestellungen, bei denen nur entweder die Unter- oder die Überschreitungswahrscheinlichkeit interessiert. In diesen Fällen ist die statistische Sicherheit um den Betrag $^1/_2\, S'$ größer.

Einseitige Sicherheit	Bereich von $-\lambda$ bis $+\lambda$
97,5%	$-1{,}96\cdots+1{,}96$
99,5%	$-2{,}58\cdots+2{,}58$
99,95%	$-3{,}29\cdots+3{,}29$

Ob man für die Bereiche (λ-Werte) oder für die statistischen Sicherheiten gerade Zahlenwerte wählt, hängt von der Fragestellung ab. Für Signifikanzprüfungen (F-Test, t-Test, χ^2-Test) wird das Niveau festgelegt, auf dem eine Entscheidung verlangt wird, d.h. man wählt die geraden Sicherheitswerte $S = 95\%$, 99% oder $99{,}9\%$. Für die Warn- und Kontrollgrenzen bei der laufenden Kontrolle werden jedoch im allgemeinen gerade Zahlenwerte für λ bevorzugt, insbesondere die Faktoren 2 und 3.

Das Ausschußrisiko. Abb. 13 zeigt die Verteilung eines Merkmales ($\bar{\bar{x}}$, s^2), in die eine Güteschranke G eingetragen ist. Der links von G liegende, schraffiert gezeichnete Ast der Glockenkurve unterschreitet die Güteschranke und stellt daher den Bereich des Ausschusses dar. Um das Ausschußrisiko abzuschätzen, berechnet man

$$\lambda = \frac{\bar{\bar{x}} - G}{s}$$

und entnimmt aus einer Tabelle für die Integralwerte der Normalverteilung die zugehörige Summenhäufigkeit. Diese Integralwerte beziehen sich auf die Integrationsgrenzen $-\lambda$ bis $+\lambda$. Findet man beispielsweise $\lambda = 2{,}10$, so ist die Summenhäufigkeit dieses Bereiches $96{,}4\%$. Das Ausschußrisiko ist dann $S' = \frac{100 - 96{,}4}{2} = 1{,}8\%$; ob ein solches Risiko tragbar ist oder nicht, muß vom Betriebsleiter im Benehmen mit dem Verkaufsleiter festgelegt werden. Der Betriebsleiter wird stets daran interessiert sein, zwischen Güteschranke und Produktionsmittelwert $\bar{\bar{x}}$ einen möglichst großen Sicherheitsabstand zu legen. Diese Tendenz ist im Sinne des Qualitätsgedankens zwar wünschenswert, sie kann aber u.U. zu teuer werden.

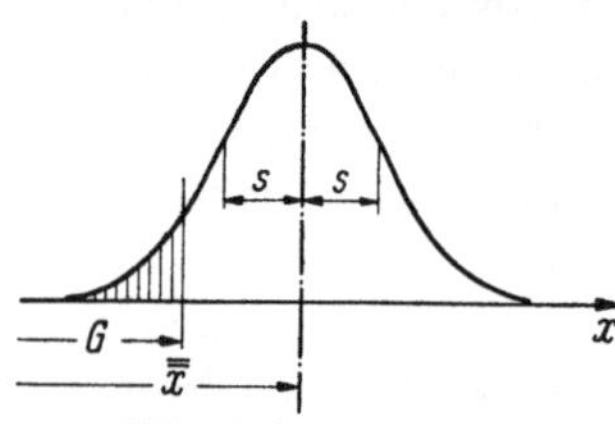

Abb. 13. Ausschußrisiko

Der Sicherheitsabstand zwischen Produktionsmittelwert und Güteschranke muß betragen

$$\bar{\bar{x}} - G = t\,s_m \tag{27}$$

wobei s_m die Standardabweichung der Plattenmittelwerte ist. Der Faktor t der statistischen Sicherheit richtet sich nach der Zahl der Freiheitsgrade, die für die Berechnung von s_m zur Verfügung stehen. Für die Querzugfestigkeit der 19 mm dicken Spanplatten, für die in DIN 68761 eine untere Güteschranke von 3,5 kp/cm² gefordert wird, erhält man daher die in Tab. 9 zusammengestellten Mindestabstände, wobei $s_m = 0{,}71$ kp/cm² und $n = 24$ Freiheitsgrade sind.

Das wahre Produktionsmittel wurde im Vertrauensbereich 6,0 bis 6,6 kp/cm² festgelegt. Gegenüber der unteren Grenze des Vertrauens-

Tabelle 9

Sicherheitsabstände und Ausschußrisiko für die Querzugfestigkeit (vgl. Tab. 8)

Sicherheit	t	ts_m	$G + ts_m$	Ausschußrisiko
$S = 95\%$	2,06	1,46	4,96	0
$= 99\%$	2,80	1,99	5,59	0
$= 99,9\%$	3,75	2,66	6,16	0,05%

bereiches besteht also nur ein Ausschußrisiko von 0,05%, das vernachlässigt werden kann. Wenn sich bei der Auswertung der Kontrollergebnisse jedoch herausstellt, daß der Sicherheitsabstand kleiner ist als die Schwankung ts_m, so muß entweder ein größeres Ausschußrisiko in Kauf genommen oder der Produktionsmittelwert verschoben werden. Wenn dazu aber die Rohdichte und/oder der Kunstharzgehalt erhöht werden muß, werden die Herstellkosten größer. Bei der Entscheidung über derartige Maßnahmen muß daher auf die Kalkulation Rücksicht genommen werden. Eleganter und billiger, aber ungleich schwieriger ist es, die Schwankungsbreite, d.h. s_m zu verkleinern, sofern sich dadurch nicht auf andere Art ebenfalls Mehrkosten ergeben.

Warn- und Kontrollgrenzen für Mittelwerte ($\bar{x}$-Karten). Die Plattenmittelwerte, die von der Betriebskontrolle verfolgt werden müssen, sind um den Gesamtmittelwert $\bar{\bar{x}}$ mit der Varianz s_m^2 normal verteilt. Im allgemeinen kann man damit rechnen, daß nach Prüfung der ersten 25 Platten der Gesamtmittelwert in einem hinreichend schmalen Vertrauensbereich festgelegt ist. Die Standardabweichung s_m ergibt sich dann aus Gl. (22) oder (23), wobei die Varianzen s_1^2 und s_2^2 durch eine voraufgegangene Varianzanalyse zu bestimmen sind. Das Kontrolldiagramm, die sogenannte „$\bar{x}$-*Karte*", enthält als waagerechte Linie den Gesamtmittelwert $\bar{\bar{x}}$. Im Abstand $\pm 2\,s_m$ und $\pm 3s_m$ werden Parallelen zu $\bar{\bar{x}}$ gezogen. Die Grenzen $\bar{\bar{x}} \pm 2s_m$ heißen „*Warngrenzen*", die Grenzen $\bar{\bar{x}} \pm 3\,s_m$ heißen „*Kontrollgrenzen*". Man unterscheidet dabei eine obere und eine untere Warn- bzw. Kontrollgrenze. In gleichen Abständen werden nun die Prüfergebnisse der Betriebskontrolle in die $\bar{x}$-Karte eingetragen. Solange die obere oder untere Kontrollgrenze nicht durchstoßen wird, liegt der Herstellprozeß „in Kontrolle". Dabei ist aber zu beachten, daß etwa 95% aller bei der Kontrolle festgestellten Mittelwerte bei normalen Betriebsverhältnissen innerhalb der Warngrenzen $\bar{\bar{x}} \pm 2s_m$ zu erwarten sind. Etwa jede 20. Platte kann entweder in den Bereich $+2s_m < \bar{x} < +3s_m$ oder in den Bereich $-2s_m > \bar{x} > -3s_m$ fallen. Damit ist aber nicht ge-

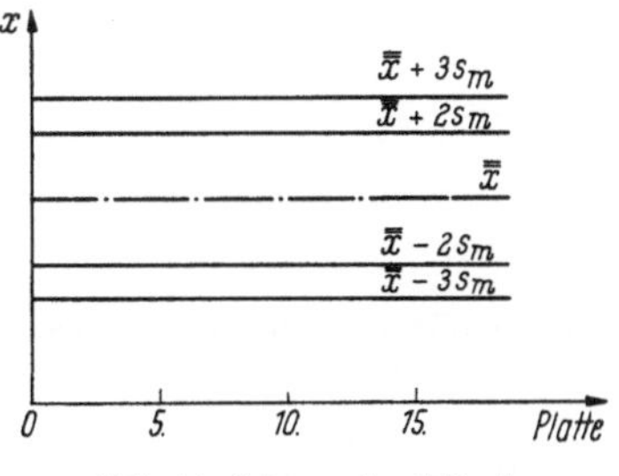

Abb. 14. Schema der $\bar{x}$-Karte

sagt, daß in der zeitlichen Reihenfolge zunächst 19 Platten im mittleren Bereich und erst die 20. Platte in einem der beiden Außenbereiche erscheinen muß, denn die Platten werden ja zufällig gezogen. Erst nach einer hinreichenden Zahl von Eintragungen läßt sich die tatsächliche Verteilung der Plattenmittel beurteilen. In Abb. 15 sind die Meßergebnisse von $k = 25$ Platten für alle vier Merkmale als Beispiele für $\bar{x}$-Karten dargestellt.

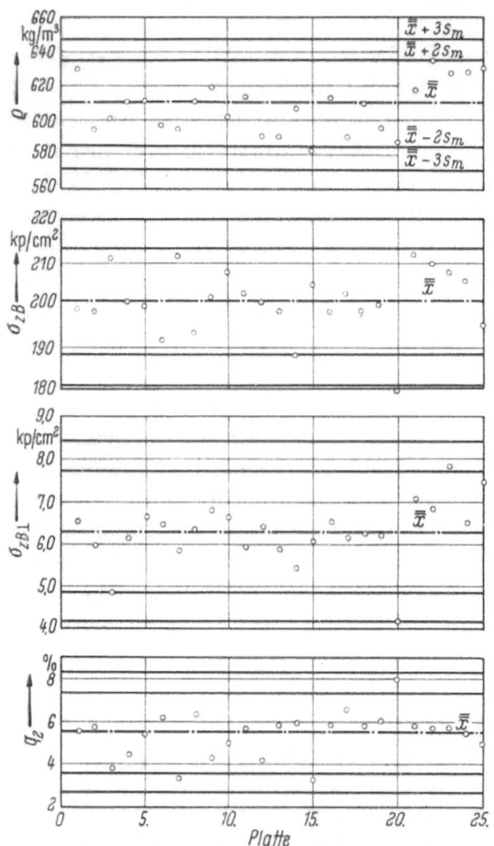

Abb. 15. Beispiele für $\bar{x}$-Karten. Standardmerkmale von 19 mm dicken Spanplatten

Kontrollgrenzen für Einzelwerte. Die Einzelwerte der Grundgesamtheiten von Spanplattenmerkmalen sind, wie an Beispielen gezeigt wurde, mit den Maßzahlen $\bar{\bar{x}}$, s^2 normal verteilt, und zwar ohne Rücksicht auf ihre Plattenzugehörigkeit. Sie können daher in den Grenzen $\bar{\bar{x}} \pm ts$ schwanken. Bei hinreichend großen Stichproben ($N = 100$) ist $t = t_\infty = \lambda$ einzusetzen. Wählt man $\lambda = 3$, so beträgt die zugehörige statistische Sicherheit $S = 99{,}73\%$. Für die Kontrollgrenzen der Einzelwerte wird daher

$$\bar{\bar{x}} \pm 3 s_T$$

gewählt. Der Index T deutet an, daß die Totalvarianz zu benutzen ist. Da Einzelwerte nicht registriert werden, erübrigt sich das Anlegen von Kontrollkarten.

Warn- und Kontrollgrenzen für Schwankungsmaße. Die periodischen Schwankungen, die z. B. von der Zusammensetzung des Rohholzes und seinem Feuchtigkeitsgehalt herrühren, werden durch die Varianz s_1^2 gemessen und erscheinen daher in den $\bar{x}$-Karten. Um die Arbeitsweise der Maschinenanlage und ihrer Bedienung zu kontrollieren, muß eine zweite Kontrollkarte angelegt werden, welche die Schwankungen *innerhalb* der Platten darstellt. Als statistische Maßzahl für diese „inneren" Schwankungen kann die Varianz s^2 (aus je $l = 10$ Messungen), die Standardabweichung s oder die Spannweite R gewählt werden. Alle drei Maßzahlen gehorchen bestimmten Verteilungsgesetzen, auf deren Darstellung jedoch verzichtet wird.

a) Kontrollgrenzen für s^2- und s-Karten. Die Anlage von s^2- oder s-Karten setzt voraus, daß jede geprüfte Platte durchgerechnet wird. Die Kontrollgrenzen werden mit Hilfe der F-Verteilung berechnet und sind definiert als

$$\text{Obere Grenze} \qquad (s^2)_o = s_2^2 F_o$$

$$\text{Untere Grenze} \qquad (s^2)_u = s_2^2 \frac{1}{F_u}$$

Für die Kontrollgrenzen wird die statistische Sicherheit $S = 99\%$, für die Warngrenzen $S = 95\%$ gewählt. Die Zahlenwerte für F_o und F_u sind aus Tab. III (Anhang) zu entnehmen. s_2^2 ist die mit Hilfe der Varianzanalyse ermittelte durchschnittliche Varianz innerhalb der Platten. Die Zahl der Freiheitsgrade, mit denen F_o und F_u verknüpft ist, ist aus der nachstehenden Tabelle ersichtlich. Da die Zahl der Messungen innerhalb einer Platte stets $l = 10$ beträgt, ergeben sich für Spanplattenbetriebe die dahinter angegebenen Schrankenwerte

Schranke	Freiheitsgrade		Statistische Sicherheit	
			95 %	99 %
F_o	$n_1 = l - 1$	$n_2 = \infty$	1,89	2,43
F_u	$n_1 = \infty$	$n_2 = l - 1$	2,71	4,31
			nur für $l = 10$	

Für das Zahlenbeispiel Tab. 8 (S. 36) ergeben sich für die Schwankungen der Querzugfestigkeit mit $s_2^2 = 0{,}704$ folgende Grenzen

Art der Grenze	Berechnung	Kontrollkarte für	
		s^2	s
Obere Kontrollgrenze	$s_2^2 F_o$	1,71	1,31
Obere Warngrenze		1,33	1,15
Untere Warngrenze	s_2^2/F_u	0,26	0,51
Untere Kontrollgrenze		0,16	0,40

Die Wahl von Kontrollkarten für s^2 hat den Vorteil, daß keine Wurzeln gezogen werden müssen. Wegen der großen Schwankungen von s^2 ist es aber ratsam, die Karten durch Wahl logarithmischer Ordinatenmaßstäbe zusammenzudrängen. Ein Beispiel für eine solche s^2-Karte zeigt Abb. 16, wobei die Eintragungen aus der letzten Spalte von Tab. 8 (S. 36) entnommen sind. Für s-Karten können lineare Maßstäbe benutzt werden.

b) *Kontrollgrenzen für R-Karten.* Die durchschnittliche Spannweite $\overline{R}$ einer größeren Anzahl von Stichproben ist über die Gl. (28) mit der Standardabweichung der zugehörigen Grundgesamtheit verknüpft.

$$\overline{R} = d_2 \cdot s_i \qquad (28)$$

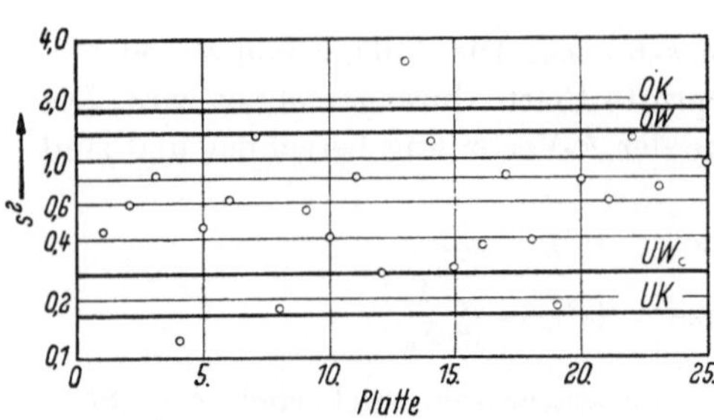

Abb. 16. Beispiel für eine s^2-Karte. Querzugfestigkeit von 19 mm dicken Spanplatten

wobei $\overline{R} = \mathsf{S} R/k$ ist. Der Index i deutet an, daß s_i ein Schätzwert für die Standardabweichung „innerhalb" der Gruppen ist. Gl. (28) bietet daher eine Möglichkeit, die durchschnittliche Standardabweichung innerhalb der Platten mit sehr einfachen Mitteln zu berechnen, denn die d_2-Faktoren sind tabuliert. Sie hängen nur vom Umfang der Stichproben ab, aus denen die Spannweiten berechnet wurden und die wir mit l bezeichnen. Für die bei Spanplattenprüfungen üblichen Stichproben $l = 10$ ist $d_2 = 3{,}08$ einzusetzen. Weitere d_2-Faktoren für Stichproben von $N = 3$ bis 10 enthält Tab. 10.

Tabelle 10. *d_2-Faktoren in Abhängigkeit vom Stichprobenumfang*

l	d_2
3	1,69
4	2,06
5	2,33
6	2,53
7	2,70
8	2,85
9	2,97
10	3,08

Für das in Tab. 8, S. 36 behandelte Zahlenbeispiel (Querzugfestigkeit) findet man als Summe der Spannweiten den Wert 61,42 und daraus

$$\overline{R} = 61{,}42/25 \quad = 2{,}46 \text{ kp/cm}^2$$

und daraus

$$s_i = \quad 2{,}46/3{,}08 = 0{,}80 \text{ kp/cm}^2$$

während die Varianzanalyse für $s_2 = \sqrt{0{,}704} = 0{,}84$ kp/cm² ergibt. Die Schätzwerte s_i und s_2 stimmen also gut überein. Die Anwendbarkeit der d_2-Faktoren ist jedoch an zwei Voraussetzungen gebunden, die bei dem vorliegenden Beispiel erfüllt wurden:

1. Die Zahl der Gruppen, aus denen $\overline{R}$ berechnet wird, muß hinreichend groß, d.h. $k \geqq 25$ sein.
2. Die Zahl der Meßwerte innerhalb der Gruppen muß hinreichend klein, d.h. $l \leqq 15$ sein.

Abgesehen von der Einsparung an Rechenarbeit, die mit der Benutzung der Spannweiten als Schwankungsmaß verbunden ist, bietet Gl. (28) in Verbindung mit den d_2-Faktoren die Möglichkeit, ältere Meßergebnisse zur Anlage von Kontrollkarten heranzuziehen. Hiervon werden vor allem diejenigen Spanplattenhersteller Gebrauch machen können, deren Betriebskontrolle noch auf den Prüfnormen von 1955 beruht. Der Stichprobenumfang $l = 10$ ist erst 1961 genormt worden.

In den Kontrollkarten für die Spannweite (R-Karten) wird meist auf Warngrenzen verzichtet. Man begnügt sich mit der Angabe der Kontrollgrenzen, die wie folgt berechnet werden:

$$\text{Obere Kontrollgrenze} \quad D_4 \bar{R}$$
$$\text{Untere Kontrollgrenze} \quad D_3 \bar{R}$$

Die D_3- und D_4-Faktoren hängen, wie die d_2-Faktoren von der Zahl der Messungen ab, aus denen R berechnet wurde. Für Stichproben vom Umfang $l = 10$ betragen sie

$$D_4 = 1{,}78 \qquad D_3 = 0{,}22$$

Für die Querzugfestigkeit (Tab. 8) sind also in die Kontrollkarte als obere Grenze $1{,}78\,\bar{R} = 4{,}87$ und als untere Grenze 0,54 einzutragen. Für das gewählte Zahlenbeispiel ist die R-Karte in Abb. 17 dargestellt.

Beim Vergleich von Abb. 16 und 17 wird man finden, daß die Kontrollgrenzen für s^2 bzw. s etwas schärfer sind als für die R-Grenzen. Bei der 18. Messung liegt beispielsweise s^2 außerhalb der Kontrollgrenze, die Spannweite R jedoch noch innerhalb. Dem Vorteil der genaueren s^2-Kontrolle steht jedoch als Nachteil ein ungleich größerer Rechenaufwand entgegen.

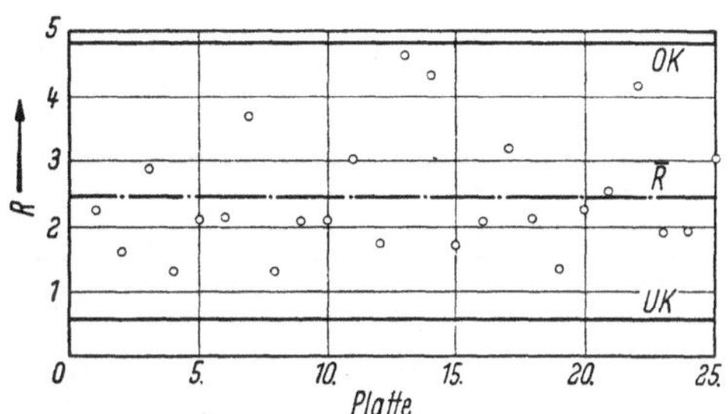

Abb. 17. Beispiel für eine R-Karte. Querzugfestigkeit von 19 mm dicken Spanplatten (Tab. 8)

9. Die laufende Qualitätskontrolle

Die Vorarbeiten, die für das Zeichnen von Kontrollkarten notwendig sind, stellen eine Analyse der Grundgesamtheiten dar. Ihre Ergebnisse werden tabellarisch zusammengestellt, beispielsweise nach dem Muster der Tab. 11, deren Zahlenwerte aus Untersuchungen an 19 mm dicken Spanplatten stammen. Sie wurden auszugsweise bereits in den zuvor angegebenen Rechenbeispielen verwendet und können dem Leser als Anhaltspunkt für die zu erwartenden Größenordnungen dienen.

Tab. 11 ist in Zeilengruppen unterteilt. Die Zeilen 1 bis 3 enthalten diejenigen Angaben, die man zum späteren Zusammenfassen verschiedener Dicken zu größeren Grundgesamtheiten braucht. In den folgenden drei Zeilen ist der Gesamtmittelwert $\bar{\bar{x}}$ und sein Vertrauensbereich für die statistische Sicherheit $S = 95\%$ angegeben. Zeile 7 bis 9 enthält die

Tabelle 11. *Auswertung der in der „Probezeit" geprüften Spanplatten. 4 Merkmale* $(\varrho, \sigma_{bB}, \sigma_{zB}\perp, q_2)$, *$N = 250$ Messungen*

	Merkmal	ϱ kg/m³	σ_{bB} kp/cm²	$\sigma_{zB}\perp$ kp/cm²	q_2 %
1	N	250	250	250	250
2	$\mathrm{S}\,x_i$	152385	50141	1574,67	1364,36
3	$\mathrm{S}\,x_i^2$	93154643	10116665	10215,0377	7787,3470
4	$\bar{\bar{x}}$	609,5	200,6	6,30	5,46
5	$\bar{\bar{x}} \pm p$	603···616	197···204	6,00···6,61	4,96···5,95
6	p	1,1%	1,6%	4,9%	9,1%
7	s_T	1083,80	241,71	1,192	1.371
8	V	5,4%	7,8%	17,3%	21,5%
9	$\bar{\bar{x}} \pm 3\,s_T$	511···708	154···247	2,73···9,87	1,95···8,97
10	$\min x$, $\max x$	546···714	156···239	3,20···8,96	2,94···9,31
11	s_1^2	2551	609	5,58	11,636
12	s_2^2	947	202	0,704	0,276
13	α	2,57	3,01	8,18	41,20
14	s_m^2	162,3	40,7	0,506	1,136
15	$\bar{\bar{x}} \pm 2\,s_m$	584···635	188···213	4,88···7,72	3,33···7,59
16	$\bar{\bar{x}} \pm 3\,s_m$	571···648	181···220	4,17···8,43	2,27···8,66
17	$\min \bar{x}$, $\max \bar{x}$	582···635	187···212	4,19···7,89	3,26···8,16
18	$\bar{R}R$	88,1	45,5	2,46	1,39

totale Varianz der Grundgesamtheit, die aus allen N Einzelmessungen erschlossen wurde, und die aus ihr abgeleiteten Größen, d.h. den Variationskoeffizienten V in % und die wahrscheinlichen Grenzen der Einzelwerte für die statistische Sicherheit $S = 99{,}73\%$. Ihnen sind in Zeile 10 die gemessenen Größt- und Kleinstwerte der Merkmale gegenübergestellt. Meist liegen diese knapp innerhalb des von den Kontrollgrenzen $\bar{\bar{x}} \pm 3\,s_T$ eingeschlossenen Bereiches. In den Zeilen 11 bis 14 ist das Ergebnis der Varianzanalyse festgehalten, das zur Berechnung des Vertrauensbereiches (Zeile 5, 6) und der Warn- und Kontrollgrenzen für die $\bar{x}$-Karten gebraucht wird (Zeile 15, 16). Die empirischen Kleinst- und Größtwerte der Plattenmittel sind in Zeile 17 erfaßt. Sie liegen meist zwischen den $2\,s_m$- und $3\,s_m$-Grenzen.

Für die Aufstellung der Tab. 11 braucht man etwa 8 bis 12 Monate. Die lange Vorbereitungszeit umfaßt die *Vorlaufzeit* zum Einstellen der Maschinenanlage auf das jeweils gewünschte Mittelwertniveau sowie die *Probezeit*, in der laufend gemessen wird, bis genügend Zahlenmaterial zur Verfügung steht, um eine Gesamtauswertung vornehmen zu können. Für die Probezeit schreibt die Gütegemeinschaft Spanplatten 6 Monate vor. Damit ist aber nicht immer auszukommen, denn die dicken Spanplatten ab 22 mm werden seltener und in viel kleineren Losen hergestellt als die gängigeren Dicken zwischen 16 und 19 mm. Da es nicht sinnvoll ist, im Verlauf einer Arbeitsschicht mehr als eine Platte zu ziehen, kann es vorkommen, daß innerhalb von 6 Monaten weniger als 25 Platten geprüft werden. Es empfiehlt sich daher, die Plattendicken 22 und 25 mm von Anbeginn an zusammenzufassen.

Die Kontrollkarten für Mittelwerte und Schwankungen werden als Doppelkarten untereinander gezeichnet. Man spricht daher je nach der Wahl des Schwankungsmaßes von „$\bar{x}$, *s-Karten*“ oder „$\bar{x}$, *R-Karten*“, in welche die täglich anfallenden Prüfergebnisse eingetragen werden. Wenn diese innerhalb der Kontrollgrenzen liegen, liegt der Herstellprozeß „in Kontrolle“; wenn die Grenzen durchstoßen werden, ist eine Störung vorgekommen, deren Ursache festgestellt werden muß. Es wurde schon an früherer Stelle darauf hingewiesen, daß es nicht allein auf das Durchstoßen von Kontrollgrenzen ankommt, sondern auch auf die Häufigkeitsverteilungen. Fallen Mittelwerte oder Spannweiten mehrmals hintereinander in die Nähe der Kontrollgrenzen, so deutet das auf schwerwiegendere Störungen hin und muß andere Untersuchungen im Betrieb auslösen, als wenn nur gelegentlich einmal eine Spannweite die obere Kontrollgrenze überschreitet. Es muß zwischen systematischen und kleineren Störungen unterschieden werden, wobei die ersteren meist ganze Chargen, die letzteren jedoch begrenzte Bereiche, oft nur innerhalb einer einzelnen Platte betreffen. Der Kontrolleiter muß sich daher bei jeder Anomalie, die in den Kontrollkarten auftritt, darüber klar werden, welche Bedeutung ihr beizumessen ist. Auch hierfür gibt es statistische Methoden, die bei Störungen zur Deutung von Anomalien herangezogen werden können.

Örtliche Störungen. Es gibt eine Reihe kleinerer Störungen, die mit der Verfahrenstechnik zusammenhängen und als unvermeidbar hinzunehmen sind. In den Mischern bilden sich ab und zu aus Staubteilchen und Kunstharz Krusten, die eine Zeitlang an den Rührarmen oder Wänden hängen bleiben, sich dann ablösen und in die Spanvliese hineingelangen. Wenn sie zufällig in der Deckschicht abgelagert werden, sind sie an der ungeschliffenen Platte als „Harzflecken“ auch äußerlich erkennbar. Wird bei der Probenahme zufällig eine Quellprobe mit einem solchen Harznest erfaßt, so entsteht beim Prüfen ein extrem niedriger Quellwert. Es kommt aber auch vor, daß grobe Spreißeln im Vlies enthalten sind, die wegen ihres örtlich geringeren Kunstharzgehaltes zu einer extrem großen Quellung führen. Derartige Störungen, für die hier nur Beispiele genannt wurden, haben für die Beurteilung der Gesamtheit keine Bedeutung, da sie nur einen kleinen, örtlich begrenzten Bereich in einer einzelnen Platte betreffen. Sie bewirken aber eine starke Zunahme der Varianz und – falls diese zur Überwachung benutzt wird – der Spannweite. Der zugehörige Plattenmittelwert wird durch solche Anomalien nur wenig beeinflußt. Es entsteht nun die Frage, wann ein solcher Einzelwert als „*Ausreißer*" behandelt und in den Kontrollunterlagen vernachlässigt werden darf.

Ausreißende Einzelwerte. In einer Reihe von Meßwerten kann ein nicht plausibler Einzelwert nur dann als „*Ausreißer* behandelt werden, wenn er mit der Variabilität der übrigen, plausiblen Werte nicht mehr verträglich ist. Gegeben sei eine Reihe von 10 Meßwerten für die Querzugfestigkeit einer Spanplatte

4,3 5,6 5,9 5,1 [2,6] 4,6 5,6 5,3 4,8 kp/cm²

Der umrandete Meßwert $x = 2{,}6$ erscheint zu niedrig. Die Proben stammen in der angegebenen Reihenfolge aus einem Plattenstreifen. Die Annahme eines Ausreißers ist insofern berechtigt, als der nicht plausible Meßwert isoliert zwischen plausiblen Werten liegt, die keine systematische Tendenz haben. Man berechnet für die 9 plausiblen Werte Mittelwert $\bar{x}$ und Standardabweichung und findet

$$\bar{x} = 5{,}13 \quad \text{und} \quad s = 0{,}524$$

Der fragwürdige Meßwert darf als Ausreißer behandelt werden, wenn er außerhalb eines Bereiches

$$\bar{x} \pm ks$$

liegt. Der Faktor k[1] hängt von der Zahl der Meßwerte ab, aus denen die Standardabweichung berechnet wurde. Für $N = 9$ ist $k = 4{,}4$ einzusetzen. Für das vorstehende Zahlenbeispiel ergibt sich somit

$$\bar{x} \pm ks = 2{,}82 \cdots 7{,}44 \text{ kp/cm}^2$$

Der fragwürdige Meßwert $x = 2{,}6$ liegt außerhalb dieses Bereiches und darf als Ausreißer behandelt und ausgeschieden werden.

Der Cochran-Test. Wenn an Stelle der Spannweite die Varianzen s^2 oder die Standardabweichungen überwacht werden, gibt der „Cochran-Test" die Möglichkeit, Platten mit auffallend großer Varianz als Ausreißer zu identifizieren.

Gegeben sei eine Reihe von Varianzen ${}_1s^2, {}_2s^2, \ldots, {}_ks^2$, jede aus $l = 10$ Messungen errechnet. Eine dieser Varianzen sei auffallend groß. Man bildet die Summe aller k Varianzen und daraus die Prüfgröße

$$g = \frac{{}_{\max}s^2}{\mathsf{S}\, s^2} \tag{29}$$

[1] Aus Tabellenwerken, z. B. Graf/Henning, Formeln und Tabellen der mathematischen Statistik.

Diese Prüfgröße wird mit der „*g-Funktion*" geprüft, die von der statistischen Sicherheit, von der Zahl der Freiheitsgrade $n = l - 1$ und von der Zahl k der insgesamt betrachteten Gruppen abhängt. Für die in der Praxis der Spanplattenindustrie vorkommenden Meßreihen aus je 10 Werten mit dem Freiheitsgrad $n = 9$ sind die Schrankenwerte der g-Funktion in Abb. 18 dargestellt.

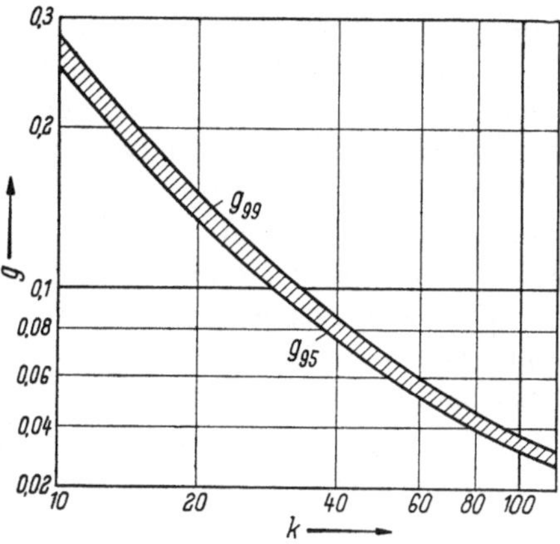

Abb. 18. Cochran-Test für $n = 9$

Entscheidung:

$g < g_{95}$: Die Varianz $_{\max} s^2$ ist mit der Variabilität der übrigen Gruppen verträglich.

$g_{95} < g < g_{99}$: Zweifelsbereich: Entscheidung erst möglich, wenn Zahlenmaterial vergrößert wird.

$g > g_{99}$: *Ausreißer:* $_{\max}s^2$ ist auszuscheiden.

Zahlenbeispiel: *Querzugfestigkeit* (Tab. 8, S. 36). In der Kontrollkarte Abb. 16 beträgt die Varianz der 13. Platte $s^2 = 3{,}11$ und fällt aus den Kontrollgrenzen heraus. Die Summe aus $k = 25$ Varianzen beträgt $s^2 = 17{,}61$ (vgl. Tab. 8).

$$g = \frac{3{,}11}{17{,}61} = 0{,}177$$

Denkt man sich den berechneten g-Wert in Abb. 18 eingetragen, so fällt er in den oberhalb der Grenzlinie für g_{99} liegenden Ausreißerbereich hinein. Die 13. Platte darf daher wegen einer Anomalie ausgeschieden werden.

Der Cochran-Test kann nach dem Ausscheiden einer überzufällig großen Varianz beliebig fortgesetzt werden. In der Tab. 8 (S. 36) wird die zweitgrößte Varianz $s^2 = 1{,}29$ in der Platte Nr. 7 angetroffen. Nach dem Aussondern der 13. Platte verbleibt als Summe der Varianzen ein Rest $\mathsf{S}s^2 = 14{,}50$ für 24 Platten. Die Prüfgröße für die Varianz der 7. Platte beträgt dann

$$g = \frac{1{,}29}{14{,}50} = 0{,}087$$

Dieser Wert fällt (nach Abb. 18) in den Zufallsbereich der g-Funktion. Das Restkollektiv aus $k = 24$ Platten enthält also keine überzufällig großen Varianzen mehr.

Wenn der Varianzausreißer auf *einem* Einzelwert beruht, der nach dem zuvor beschriebenen Verfahren als Ausreißer identifiziert und ausgeschieden werden kann, ist es ratsam, diesen Einzelwert durch den Mittelwert der 9 plausiblen Meßwerte zu ersetzen und die Varianz für die wieder „aufgefüllte" Gruppe erneut zu berechnen. Wenn die Prüfgröße g dann in den Zufallsbereich fällt, können die „bereinigten" Zahlenwerte dieser Platte weiter verwertet werden. Eine solche Bereinigung ist vor allem dann zweckmäßig, wenn der Ausreißer einem Kollektiv angehört, das mehrfachen Varianzanalysen unterworfen werden soll. Der Rechenaufwand für Varianzanalysen mit unvollständigen Gruppen ist wesentlich größer als bei vollständigen Gruppen. Voraussetzung dafür ist natürlich, daß eine hinreichende Zahl von Gruppen zur Verfügung steht ($k \geqq 10$).

Störungen systematischer Natur. Störungen systematischer Natur liegen vor, wenn die $\bar{x}$-Karte eine steigende oder fallende Tendenz aufweist. Ein solcher Fall kann beispielsweise bei der Querzugfestigkeit in Abb. 15 (S. 42) vorliegen, die nach der 14. Platte ansteigt und bei der 23. Platte die Warngrenze überschreitet. Ob dieser Anstieg innerhalb der letzten 11 Platten systematischer Natur ist oder noch aus zufälligen Schwankungen erklärbar ist, kann mit Hilfe der im III. Abschnitt behandelten Regressionen kontrolliert werden. Da auch die Rohdichte eine ähnlich steigende Tendenz hat, wird man zunächst nachsehen, ob sich an der Einstellung der Dosieranlagen irgend etwas verändert hat. Es kommt gelegentlich vor, daß die Gegengewichte von Dosierwaagen locker werden und sich langsam in der einen oder anderen Richtung verschieben.

Bei systematischen Störungen geben die statistischen Verfahren jedoch nur einen Hinweis darauf, daß sich irgend etwas im Herstellungsprozeß verändert hat. Das Finden der Störungsquelle ist oft sehr schwierig und erfordert sehr genaue Kenntnisse und Erfahrungen im Betriebsablauf. Vielfach wird man Laborversuche einschalten, um Vermutungen nachzuprüfen. In anderen Fällen wird man die Zahl der Platten erhöhen, die nachzuprüfen sind, d. h. also die Prüfpläne ändern, um sicher zu sein, daß wirklich ein systematischer Einfluß vorliegt. Statistische Hilfsmittel findet der Leser in Abschn. III (Auswerten von Spanplattenversuchen).

III. Auswerten von Spanplattenversuchen

Durch die laufende Kontrolle, deren Ergebnisse in Kontrollkarten festgehalten werden, wird ein Fertigungsprozeß beschrieben, der mehr oder weniger konstant abläuft oder ablaufen soll. Statistisch heißt das, daß die Platten, die nach bestimmten Prüfplänen gezogen und geprüft werden, als Stichproben der gleichen Grundgesamtheit anzusehen sind.

Jeder Betrieb ist aber bestrebt, den Stand der Technik zu verbessern und den Herstellungsprozeß durch Rationalisierungsmaßnahmen wirtschaftlicher zu gestalten. Es werden daher ständig irgendwelche Versuche durchgeführt, die von der Betriebskontrolle auszuwerten sind. Sie muß entscheiden, ob ein Versuch Erfolg gehabt hat oder nicht und gegebenenfalls, wie groß der erzielte Fortschritt ist. Alle Betriebsversuche müssen daher nach statistischen Gesichtspunkten geplant und ausgewertet werden. Wenn dies nicht geschieht, kann man sehr leicht Täuschungen zum Opfer fallen.

Der Versuch, eine bestimmte Qualitätseigenschaft zu verbessern, kann nur dann als erfolgreich angesprochen werden, wenn er zu einer signifikanten Änderung der Maßzahlen der zugehörigen Grundgesamtheit führt. Es soll dabei angenommen werden, daß es sich um normal verteilte Merkmale handelt. Das Ziel solcher Versuche kann darin bestehen, *Mittelwerte* zu *verschieben*, um ein Qualitätsmerkmal zu verbessern. Man kann aber auch versuchen, die Qualität *konstant* zu halten, dabei aber billiger zu produzieren, beispielsweise durch den Einsatz kleinerer Kunstharzmengen usw. Im ersten Fall ist nachzuweisen, daß die Mittelwertsverschiebung *signifikant* ist, im zweiten Fall, daß sie *nicht signifikant* ist. Das Ziel von Betriebsversuchen kann aber auch darin bestehen, die Schwankungsbreite eines Merkmals zu verringern, um einen größeren Sicherheitsabstand zwischen einer geforderten Güteschranke und den Gesamtmittelwert der Produktion zu erhalten. In diesem Fall handelt es sich um den Nachweis, ob ein *Schwankungsmaß*, z.B. die Varianz signifikant kleiner geworden ist. Ist das gelungen, so kann anschließend versucht werden, den Mittelwert nachrücken zu lassen, wenn dadurch bei gleichbleibender Qualität Kostenersparnisse erreichbar sind.

Alle derartigen Versuche laufen also auf die statistische Frage hinaus, ob durch die gewählten Maßnahmen eine Mittelwerts- und/oder Varianzänderung eingetreten, ob also eine neue Grundgesamtheit mit signifikant verschiedenen Maßzahlen entstanden ist. Hierzu dienen die statistischen Prüfverfahren für Mittelwerte und Varianzen.

1. Prüfverfahren für Mittelwerte und Varianzen

1.1. Vergleich von 2 Mittelwerten

Gegeben seien zwei Stichproben x_1, x_2, ..., x_i, ..., x_{N_1} und x'_1, x'_1, x'_2, ..., x'_i, ..., x'_{N_2}. Die Frage lautet: Sind die beiden Mittelwerte $\bar{x}$ und $\bar{x}'$ signifikant voneinander verschieden, oder anders ausgedrückt, ist die Differenz $\bar{x} - \bar{x}'$, d.h. der Unterschied beider Mittelwerte, signifikant von 0 verschieden? Fragen dieser Art werden meist mit Hilfe des „t-Tests“ entschieden.

Berechne die Ausdrücke

$$s_d^2 = \frac{A_x + A_{x'}}{N_1 + N_2 - 2} \tag{30a}$$

$$t = \frac{|\bar{x} - \bar{x}'|}{s_d} \sqrt{\frac{N_1 N_2}{N_1 + N_2}} \tag{30b}$$

Vergleiche den nach Gl. (30b) berechneten t-Wert mit den Schranken der t-Verteilung für $n = N_1 + N_2 - 2$ Freiheitsgrade. Die Schrankenwerte t_{95} und t_{99} sind entweder aus Tab. II (Anhang) oder aus Abb. 11, S. 35 zu entnehmen.

$t < t_{95}$	Mittelwertsunterschied ist aus zufälligen Schwankungen innerhalb der Meßwerte erklärbar.
$t_{95} < t < t_{99}$	Keine Entscheidung, Stichproben müssen vergrößert oder Versuche wiederholt werden.
$t > t_{99}$	Mittelwertsunterschied aus zufälligen Schwankungen nicht erklärbar, gilt als gesichert.

Die in den Gl. (30a) und (30b) benutzten Formelzeichen bedeuten:

A_x	Summe der Abweichungsquadrate der x-Werte von ihrem Mittelwert $\bar{x}$,
$A_{x'}$	Summe der Abweichungsquadrate der x'-Werte von ihrem Mittelwert $\bar{x}'$,
s_d^2	Durchschnittliche Varianz der beiden Meßreihen,
N_1, N_2	Umfang der Stichproben x und x'.

Beim Vergleich zweier Mittelwerte aus Stichproben von gleichem Umfang $N_1 = N_2$ vereinfacht sich Gl. (30b) zu

$$t = \frac{|\bar{x} - \bar{x}'|}{s_d} \sqrt{N/2} \tag{30c}$$

Für den bei Spanplattenversuchen sehr häufigen Fall, daß $N_1 = N_2 = 10$ ist, läßt sich aus Gl. (30c) errechnen, a) wie groß die Mittelwertsunterschiede *mindestens* sein müssen, wenn Signifikanz und b) wie groß sie *höchstens* sein dürfen, wenn Nichtsignifikanz angestrebt wird. Für $n = 18$ Freiheitsgrade ist $t_{95} = 2{,}09$ und $t_{99} = 2{,}88$. Man erhält dann

a) Fall der Signifikanz $\quad \bar{x} - \bar{x}' = 1{,}290 \cdot s_d$,

b) Fall der Nichtsignifikanz $\quad \bar{x} - \bar{x}' = 0{,}935 \cdot s_d$

Zu dem gleichen Ergebnis kommt man, wenn die beiden Gruppen einer einfachen *Varianzanalyse* unterworfen werden. Unter Benutzung der auf S. 30 angegebenen Rechenvorschrift berechnet man den Varianzquotienten $s_1^2/s_2^2 = \alpha$, der mit der *F-Verteilung* zu prüfen ist.

Zahlenbeispiel: *Biegefestigkeit zweier Spanplatten.* Gegeben seien die aus je 10 Messungen bestehenden Ergebnisse zweier Spanplatten, für die folgende Werte vorliegen:

1. Platte	$\mathsf{S}x_i = 2005$	$\mathsf{S}x_i^2 = 403661$	$\bar{x} = 200{,}5\ \text{kp/cm}^2$
2. Platte	$\mathsf{S}x_i = 1915$	$\mathsf{S}x_i^2 = 367867$	$\bar{x} = 191{,}5\ \text{kp/cm}^2$
	$\mathsf{SS}x_i = 3920$	$\underbrace{\mathsf{SS}x_i^2 = 771528}_{\text{III}}$	$\Delta\bar{x} = 9{,}0\ \text{kp/cm}^2$

Man berechnet

$$\text{II} = (2005^2 + 1915^2)/10 = 768725$$
$$\text{I} = 3920^2/20 = 768320$$

Aufteilungsschema

	Summen der Abweichungsquadrate	Freiheitsgrade	Varianz
Zwischen den Gruppen	$A_1 = \text{II} - \text{I} = 405$	$n_1 = 1$	$s_1^2 = 405$
Innerhalb der Gruppen	$A_2 = \text{III} - \text{II} = 2803$	$n_2 = 18$	$s_2^2 = 156$

Für das vorher genannte Zahlenbeispiel ist $\alpha = s_1^2/s_2^2 = 2{,}60$ und die Zufallsschranke der F-Verteilung $F_{95} = 4{,}38$ bei $n_1 = 1$ und $n_2 = 18$ Freiheitsgraden. Da $\alpha < F_{95}$ ist, kann der Mittelwertsunterschied noch aus zufälligen Schwankungen innerhalb der Gruppen erklärt werden, ist also *nicht signifikant*. Die beiden Prüfverfahren, die zur Beurteilung des Unterschiedes zwischen zwei Mittelwerten angegeben wurden und die entweder mit dem t-Test oder mit dem F-Test entschieden werden, sind nur formal verschieden. Für $n_1 = 1$ geht die F-Verteilung in die t^2-Verteilung über, so daß die Entscheidungen die gleichen sind. Für numerische Rechnungen mit Maschinen ist jedoch das Verfahren der Varianzanalyse mit zwei Gruppen bequemer und schneller. Es brauchen vor allen Dingen keine Wurzeln gezogen zu werden.

1.2. Vergleich von mehr als 2 Mittelwerten

Für den Vergleich einer beliebigen Zahl von Gruppen (k) sind einfache Varianzanalysen anzuwenden. Prinzip und Rechenvorschrift wurden im II. Teil (vgl. S. 29ff) dargestellt. Die Entscheidung liefert der F-Test. Zeigt die Prüfgröße an, daß signifikante Unterschiede vorhanden sind, so besagt das zunächst nur, daß sich in dem untersuchten Kollektiv *wenigstens zwei* Mittelwerte befinden, deren Unterschiede überzufällig sind. Wenn man wissen will, zwischen welchen Mittelwerten solche Unterschiede bestehen, muß die Analyse fortgesetzt werden. Man ordnet die Meßergebnisse in steigender oder fallender Größe, läßt die Randwerte weg und rechnet für die restliche Gruppe eine Analyse durch, die im allgemeinen einen kleineren Varianzquotienten zeigen wird. Das Verfahren kann fortgesetzt werden, bis man auf eine Restgruppe von Mittelwerten stößt, die nur noch zufällig verschieden sind. Das gleiche Verfahren dient zum Abtasten flacher Maxima.

Die Methode der Varianzanalysen in Verbindung mit dem F-Test liefert in jedem Fall eine formale Entscheidung über Mittelwertsunterschiede und wird daher auch zur *Inhomogenitätsprüfung* herangezogen. Für die Deutung der Rechenergebnisse muß aber bekannt sein, ob die Versuche, die miteinander zu vergleichen sind, aus inhomogenen Grundgesamtheiten stammen. Abb. 19 zeigt zwei verschiedene Grundgesamtheiten I und II, die durch eine Mittelwertsverschiebung entstanden sein mögen. Beide seien inhomogen, was bei Holzwerkstoffen immer unterstellt werden kann, und beide sollen sich überschneiden. Dadurch entsteht ein schraffiert gezeichneter Bereich, in dem zwischen Stichproben aus der Gesamtheit I und denen aus der Gesamtheit II signifikante Unterschiede nicht feststellbar sind. Stichproben aus dem schraffierten Bereich täuschen daher Nichtsignifikanz zwischen den Grundgesamtheiten vor. Umgekehrt können zwei Stichproben innerhalb jeder der beiden Grundgesamtheiten signifikante Unterschiede zeigen. Die formale Entscheidung des F-Tests liefert allein noch keinen stichhaltigen Beweis dafür, daß zwei signifikant verschiedene Mittelwerte auch zwei verschiedenen Grundgesamtheiten angehören und umgekehrt.

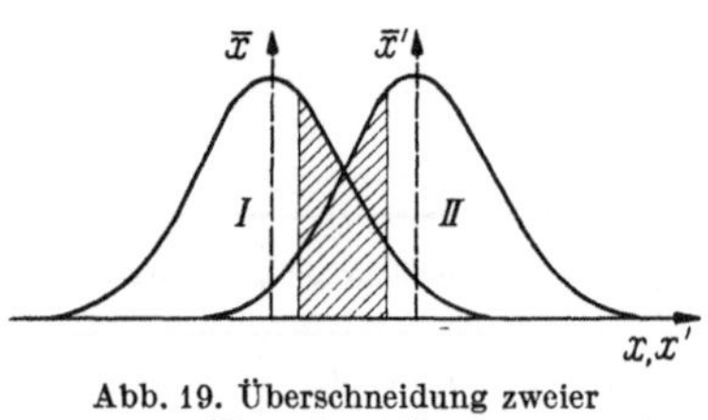

Abb. 19. Überschneidung zweier Normalverteilungen

Wenn damit gerechnet werden muß, daß inhomogene Grundgesamtheiten vorliegen, was bei Holzwerkstoffen fast immer der Fall ist, muß jeder Versuch mit einer größeren Zahl verschiedener Platten ausgeführt werden, um die für inhomogene Kollektive charakteristischen Schwankungsmaße berechnen zu können. Das hat zur Folge, daß Spanplattenversuche verhältnismäßig große Stichproben erfordern, um Entscheidungen auf dem Niveau der statistischen Sicherheit $S = 99\%$ herbeiführen zu können. Es gibt auch Fälle, in denen man eine noch größere Sicherheit wählen wird, z.B. wenn es um kostspielige Investitionen geht.

1.3. Vergleich zweier Varianzen ($k = 2$)

Gegeben seien die Varianzen s_1^2 mit n_1 und s_2^2 mit n_2 Freiheitsgraden. Sie gelten als signifikant verschieden, wenn der Varianzquotient s_1^2/s_2^2 die Schranke F_{99} der F-Verteilung für die Freiheitsgrade n_1 und n_2 überschreitet (F-Test).

1.4. Vergleich einer Gruppe von Varianzen ($k > 2$) Der Bartlett-Test

Der F-Test gestattet den Vergleich von 2, aber nicht mehr als zwei Varianzen. Für den Vergleich einer größeren Zahl von Varianzen hat M. S. Bartlett, das folgende Prüfverfahren angegeben:

Gegeben sei eine Gruppe von Varianzen und ihren Freiheitsgraden

$$_1s^2,\ _2s^2, \ldots,\ _is^2, \ldots,\ _ks^2 \qquad (i = 1, 2, \ldots, k)$$
$$n_1, n_2, \ldots, n_i \ldots, n_k$$
$$n_i = l_i - 1$$

Die durchschnittliche Varianz dieser k Stichproben ist dann

$$\bar{s}^2 = \frac{\mathrm{S}\, n_i s_i^2}{\mathrm{S}\, n_i} \tag{31}$$

Mit $n = \mathrm{S}\, n_i$ bilde man die Prüfgröße

$$\chi^2 = n \ln s^2 - \mathrm{S}\, n_i \ln s_i^2 \tag{32}$$

χ^2 ist mit $k - 1$ Freiheitsgraden verteilt. Die Prüfung der Unterschiede zwischen den k Varianzen läuft darauf hinaus, den berechneten Wert für χ^2 mit den Schranken der χ^2-Verteilung bei den entsprechenden statistischen Sicherheiten zu vergleichem. Wenn χ^2 kleiner als χ^2_{95} ist, sind die Varianzen nur zufällig verschieden. Ist χ^2 größer als χ^2_{99}, bestehen zwischen mindestens zwei Varianzen überzufällige Unterschiede.

Gl. (32) gilt für Stichproben beliebigen Umfanges, wobei $n_i = l_i - 1$ ist. Für den bei Spanplattenversuchen meist vorliegenden Fall $l_i =$ const, lassen sich die Gln. (31) und (32) vereinfachen.

Die durchschnittliche Varianz ist dann

$$\bar{s}^2 = \frac{\mathrm{S}\, s_i^2}{k} \tag{33}$$

und die Prüfgröße

$$\chi^2 = k\,(l - 1) \ln \bar{s}^2 - (l - 1)\, \mathrm{S} \ln s_i^2 \tag{34}$$

Für numerische Rechnungen ist es zweckmäßig, den natürlichen Logarithmus durch Briggssche Logarithmen zu ersetzen. Dann ist

$$\chi^2 = 2{,}3026\, [k\,(l - 1) \log \bar{s}^2 - (l - 1)\, \mathrm{S} \log s_i^2]$$

Der nach Gl. (32) errechnete Wert für χ^2 ist etwas zu groß und kann durch Multiplikation mit einem Korrekturfaktor $1/A$ verbessert werden, der durch Gl. (35) definiert ist:

$$A = 1 + \frac{k + 1}{3\,k\,(l - 1)} \tag{35}$$

Da die χ^2-Verteilung als Sonderfall der F-Verteilung ($n_1 = k - 1$, $n_2 = \infty$) betrachtet werden kann, läßt sich die Prüfgröße des BARTLETT-Tests auch mit der F-Verteilung prüfen. Man berechnet dazu

$$B = \frac{1}{C_k} [k\,(l - 1) \log \bar{s}^2 - (l - 1)\, \mathrm{S} \log s_i^2] \tag{36}$$

wobei
$$C_k = \frac{A\,(k-1)}{2{,}3026}$$

B ist mit den Schrankenwerten F_{95} und F_{99} für $n_1 = k - 1$ und $n_2 = \infty$ zu vergleichen.

Entscheidung

$B < F_{95}$ Unterschiede zwischen den Varianzen sind aus zufälligen Schwankungen erklärbar.

$F_{95} < B < F_{99}$ Keine Entscheidung – Zweifelsbereich.

$B > F_{99}$ Unterschiede aus zufälligen Schwankungen nicht mehr erklärbar.

Tabelle 12. *C_k-Faktoren für Stichproben* $l = 10$ (Bartlett-Test)

k	C_k	k	C_k	k	C_k
–	–	11	4,518	21	9,023
–	–	12	4,969	22	9,473
3	0,911	13	5,419	23	9,924
4	1,363	14	5,870	24	10,373
5	1,814	15	6,320	25	10,824
6	2,265	16	6,770	26	11,275
7	2,716	17	7,222	27	11,725
8	3,167	18	7,672	28	12,175
9	3,617	19	8,122	29	12,626
10	4,068	20	8,572	30	13,076

Die *numerische Berechnung* der Prüfgröße B (Bartlett) läßt sich für die bei Spanplattenversuchen üblichen Stichproben vom Umfang $l = 10$ erheblich vereinfachen, indem man die C_k-Faktoren tabuliert. Für $3 < k < 30$ sind sie in Tab. 12 zusammengestellt.

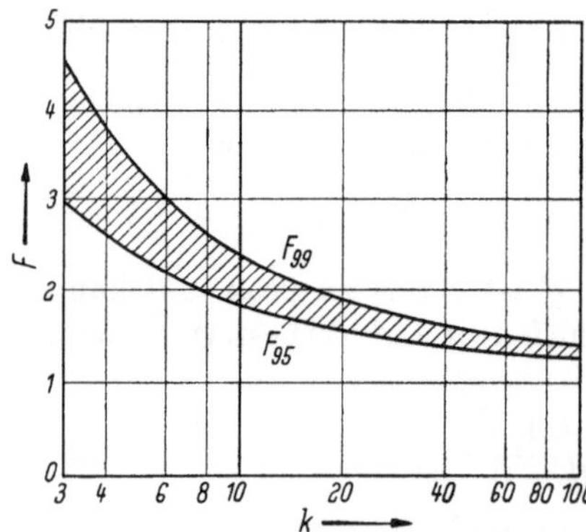

Abb. 20. Schrankenwerte F_{95} und F_{99} für $n_1 = k - 1$ und $n_2 = \infty$. Bartlett-Test für k Gruppen mit je $l = 10$ Werten

Für $k > 30$ können die C_k-Faktoren aus der Näherungsformel

$$C_k = 0{,}4504\,(k - 1)$$

berechnet werden. Sie entsteht, wenn in Gl. (35) der Zähler $k + 1$ durch k ersetzt wird, was bei großen Zahlenwerten von k unbedenklich ist. Die Schrankenwerte der F-Verteilung für $n_1 = k - 1$ und $n_2 = \infty$, die zur Beurteilung der Prüfgröße nach Bartlett gebraucht werden, sind in Abb. 20 in Kurvenform dargestellt.

Sowohl bei Labor- wie bei Betriebsversuchen wird man bei Anwendung des Bartlett-Tests im allgemeinen finden, daß selbst grobe Änderungen in der Verfahrenstechnik ohne Einfluß auf die Varianzen innerhalb der Platten bleiben. Der Durchschnittswert der Varianzen einer Gruppe von Spanplatten hängt offenbar im wesentlichen von der Schüttgenauigkeit ab und stellt eine Beurteilungsgröße für die Arbeitsweise der Maschinenanlagen dar. Bei Laborversuchen gibt die Durchschnittsvarianz (s_2^2) Auskunft über die Sorgfalt mit der die Platten hergestellt wurden. Folgende Zahlenwerte können als gute Durchschnitte gelten:

Merkmal	Symbol	Dimension	s_2^2
Biegefestigkeit	σ_{bB}	kp/cm²	275
Querzugfestigkeit	$\sigma_{zB\perp}$	kp/cm²	0,65
Dickenquellung	q_2	%	0,16

Zahlenbeispiel für die Berechnung der Prüfgröße B nach Bartlett. Gegeben sind die Prüfergebnisse für die Biegefestigkeit (kp/cm²) aus $k = 10$ verschiedenen Spanplatten. Jeder der Mittelwerte $\bar{x}$ und die zugehörigen Varianzen s^2 sind aus $l = 10$ Einzelmessungen berechnet und in Tab. 13 zusammengestellt. Sind die 10 Varianzen zufällig oder überzufällig voneinander verschieden?

Tabelle 13. *Bartlett-Test für $k = 10$ Varianzen mit $n = 9$ Freiheitsgraden*

$\bar{x}$	s^2	$\log s^2$
202,3	327,34	2,515
211,4	278,26	2,450
200,0	135,11	2,131
209,6	88,27	1,946
202,4	96,93	1,986
199,6	288,93	2,461
193,4	169,37	2,229
198,7	223,12	2,349
194,4	204,71	2,311
191,5	127,16	2,105
	$S s^2 = 1939{,}20$	$S \log s^2 = 22{,}483$
	$s_2^2 = 193{,}92$	
	$\log s_2^2 = 2{,}288$	

Die oben angegebenen Zahlenwerte sind in Gl. (36) einzusetzen und man findet:

$$B = \frac{10 \cdot 9 \cdot 2{,}288 - 9 \cdot 22{,}483}{C_{10}} = \frac{205{,}92 - 202{,}35}{4{,}068}$$

$$B = \frac{3{,}57}{4{,}068} = 0{,}87$$

Denkt man sich den berechneten B-Wert in Abb. 20 über $k = 10$ aufgetragen, so liegt er im Zufallsbereich. Die Varianzen sind also nur zufällig voneinander verschieden.

2. Auswerten von Versuchen mit mehrfachen Varianzanalysen

Die einfachste Form einer Varianzanalyse wurde als statistisches Prüfverfahren zur Beurteilung der Inhomogenität eines Zahlenkollektivs auf S. 35ff. dargestellt. Die numerische Behandlung wurde für ein Kollektiv von $N = 250$ Messungen der Querzugfestigkeit von 19 mm dicken Spanplatten (Tab. 8, S. 36) beschrieben. Dort ließ sich das Zahlenkollektiv in $k = 25$ Gruppen ordnen, wobei jede Gruppe eine Stichprobe vom Umfang l darstellt. Das Zahlenkollektiv ist eindimensional nach Platten geordnet, denn jede Gruppe stammt aus einer anderen Platte. Die *einfache Varianzanalyse* führt zu einem Aufteilungsschema folgender Form

	Abweichungsquadrate	Freiheitsgrade	Varianz
Zwischen den Gruppen	A_1	$n_1 = k - 1$	$s_1^2 = A_1/n$
Innerhalb der Gruppen	A_2	$n_2 = N - k$	$s_2^2 = A_2/n_2$
Total	$A = A_1 + A_2$	$n = n_1 + n_2$ $= N - 1$	$s^2 = A/n$

Bei der numerischen Berechnung werden A und A_1 wie folgt berechnet:

Summe der Abweichungsquadrate (total) $\quad A = \mathsf{S}(x_i - \bar{\bar{x}})^2 \quad (i = 1, 2, \ldots, N)$

Abweichungsquadrate zwischen Gruppen $\quad A_1 = l\mathsf{S}(\bar{x}_k - \bar{\bar{x}})^2 \quad (k = 1, 2, \ldots, k)$

Abweichungsquadrate innerhalb Gruppen $\quad A_2 = A - A_1$

Die Differenz $A - A_1$ ergibt bei einfacher Aufteilung die mit $N - k$ Freiheitsgraden verknüpfte durchschnittliche Varianz innerhalb der Gruppen. Die Aufteilung von Zahlenkollektiven läßt sich weiter fortsetzen, wobei man je nach der Zahl der Ordnungsgesichtspunkte zu einem zwei-, drei- oder vielfachen Aufteilungsschema kommt. Im folgenden sollen mehrfache Aufteilungen an Hand von Zahlenbeispielen erläutert werden.

2.1. Zweifache Varianzanalyse

(Zahlenbeispiel: *Auswertung von Quellmessungen*)

Aufgabe. Für den Ablauf der Härtungsvorgänge im Inneren eines Spanvlieses spielt der Wasserhaushalt eine wesentliche Rolle. Durch vorzeitigen Wasserverlust können die chemischen Reaktionen zum Stillstand kommen, bevor die größtmögliche Vernetzungsdichte erreicht ist.

Besonders gefährdet sind die offenen Kanten der Spanvliese, weil aus ihnen das Wasser schneller entweicht als aus der Mittelzone. Da Härtungsstörungen am sichersten durch Quellmessungen erkannt werden können, wurden aus verschiedenen 22 mm dicken, dreischichtigen Flachpreßplatten Quellproben entnommen und nach DIN 52364 nach 2-stündiger Wässerung geprüft. Über die Breite von 1850 mm wurden 10 Meßstellen verteilt, von denen die Meßstelle 1 genau am Plattenrand lag. Bezüglich der Lage der Meßstellen handelt es sich also nicht um zufällige, sondern um systematische Stichproben. Um zu allgemein gültigen Aussagen zu kommen, wurden insgesamt 9 Spanplatten geprüft. Je drei dieser Platten stammten aus Grundgesamtheiten mit gleicher Kunstharzrezeptur. Zwischen den drei Grundgesamtheiten bestanden jedoch Rezepturunterschiede. Die Auswahl der drei Platten aus den drei Grundgesamtheiten ist zufällig getroffen worden. Die Meßergebnisse sind in Tab. 14 zusammengestellt.

Tabelle 14. *Quellprofile von 22 mm dicken Spanplatten*
k = *10 Meßstellen,* j = *9 Platten,* N = *90 Messungen*

Meßstelle / latte	1	2	3	4	5	6	7	8	9	10	S →
1	2,38	1,73	1,82	1,55	1,37	2,41	1,41	1,18	1,00	1,82	16,67
2	2,91	1,95	1,64	1,54	1,22	1,36	1,13	1,36	1,54	1,68	16,33
3	2,67	1,77	1,67	1,44	1,44	1,44	1,40	1,72	1,54	1,99	17,08
4	2,09	1,63	1,58	1,40	1,22	1,17	0,99	1,22	1,49	1,58	14,37
5	1,95	1,18	1,35	1,40	1,26	1,17	1,08	1,13	1,26	1,72	13,50
6	2,00	1,67	1,40	1,31	1,99	1,53	0,76	1,08	1,26	1,72	14,72
7	2,86	1,86	1,23	1,18	0,99	0,95	1,04	1,13	1,45	1,91	14,60
8	2,46	2,01	1,32	1,32	1,50	1,23	1,09	1,09	1,23	1,91	15,16
9	2,13	1,64	1,45	1,13	0,72	1,18	1,00	1,23	1,41	1,73	13,62
S ↓ 1 – 3	7,96	5,45	5,13	4,53	4,03	5,21	3,94	4,26	4,08	5,49	50,08
S ↓ 4 – 6	6,04	4,48	4,33	4,11	4,47	3,87	2,83	3,43	4,01	5,02	42,59
S ↓ 7 – 9	7,45	5,51	4,00	3,63	3,21	3,36	3,13	3,45	4,09	5,55	43,38
SS ↓ =	21,45	15,44	13,46	12,27	11,71	12,44	9,90	11,14	12,18	16,06	136,05

Jede waagerechte Zeile in Tab. 14 entspricht einer Spanplatte, jede senkrechte Spalte einer Meßstelle. Das Kollektiv aus $N = 90$ Meßwerten ist also nach zwei Gesichtspunkten geordnet a) nach den Meßstellen (k-Spalten) und b) nach den Platten (j-Zeilen). Tab. 14 stellt ein Beispiel für eine zweidimensionale Anordnung dar, wobei in der letzten senkrechten Spalte die Zeilensummen und in der letzten waagerechten Zeile die Spaltensummen erscheinen.

Auswertung von Tab. 14.

Berechne die *Quadratsummen*

$$
\begin{array}{lll}
 & \mathrm{IV} = SS\,x_i^2 & = 222{,}1883 \\
\text{(Zeilen)} & \mathrm{III} = (16{,}67^2 + 16{,}33^2 + \ldots 13{,}62^2)/10 & = 207{,}0200 \\
\text{(Spalten)} & \mathrm{II} = (21{,}45^2 + 15{,}44^2 + \ldots 16{,}06^2)/\ 9 & = 216{,}7204 \\
 & \mathrm{I} = 136{,}05^2/90 & = 205{,}6623
\end{array}
$$

Berechne die *Abweichungsquadrate* und *Freiheitsgrade* nach folgendem Schema:

Zwischen Spalten (Meßstellen)	$\mathrm{II} - \mathrm{I} = {}_1A_1$	${}_1n_1 = k - 1$
Zwischen Zeilen (Platten)	$\mathrm{III} - \mathrm{I} = {}_2A_1$	${}_2n_1 = j - 1$
Rest zw. Spalten und Zeilen	$\mathrm{IV} + \mathrm{I} - \mathrm{II} - \mathrm{III} = A_r$	$n_r = (k-1)(j-1)$
Total	$\mathrm{IV} - \mathrm{I} = A$	$n = N = 1$

Bei zweifacher Aufteilung der Gesamtsumme A aller Abweichungsquadrate, die aus allen $k\ j = N$ Werten berechnet wird, verbleibt bei der Subtraktion

$$A - {}_1A_1 - {}_2A_1 = A_r$$

fast immer eine Restsumme von Abweichungsquadraten A_r, die mit $n_r = (k-1)(j-1)$ Freiheitsgraden verknüpft ist. Der Quotient A_r/n_r ist die sogenannte „Restvarianz“ s_r^2, die man als eine Art Wechselwirkung zwischen Spalten und Zeilen deuten kann (interaction). Im allgemeinen kann man sie als ein Maß für Versuchsfehler betrachten. Bei dem gewählten Beispiel entsteht sie folgendermaßen:

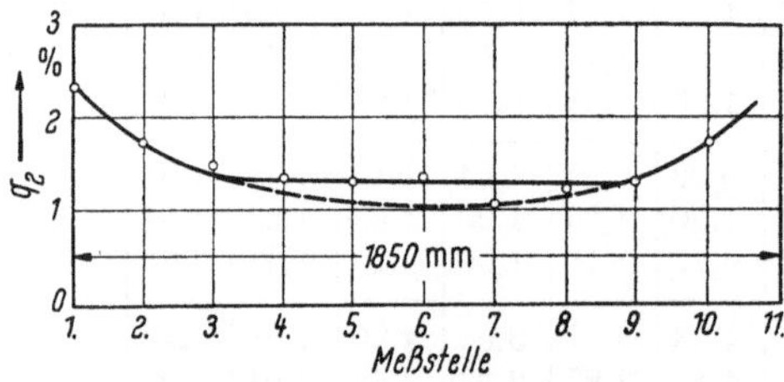

Abb. 21. Profil der Dickenquellung q_2 (Mittelwerte aus 9 Platten)

Die Randwerte der Dickenquellung (Meßstelle 1) sind durchweg größer als die aus der Plattenmitte stammenden Zahlenwerte. Bildet man aus den Spaltensummen (durch Division mit $j = 9$) Mittelwerte und trägt diese graphisch als „Quellprofil“ auf, so erhält man Abb. 21.

Die Differenz zwischen den benachbarten Meßstellen 1/2 – 2/3 usw. ist aber nicht bei allen 9 Platten gleich groß, sondern schwankt. Das bedeutet, daß der Einfluß der Meßstellen auf die Quellung nicht in allen Platten in gleichem Maß wirksam ist. Hierdurch entstehen die Restvarianzen, die für die Deutung von Versuchen besonders wertvoll sind, weil sie darüber Auskunft geben können, ob eine Einflußgröße auch unter veränderten Bedingungen, z.B. bei verschieden hergestellten Platten, ihre Wirksamkeit behält oder nicht.

Das *Aufteilungsschema* für die Quellmessungen in Tab. 14 lautet:

	Abweichungsquadrate	Freiheitsgrade	Varianz
Zwischen Spalten	${}_1A_1 = 11{,}0581$	${}_1n_1 = 9$	${}_1s_1^2 = 1{,}2286$
Zwischen Zeilen	${}_2A_1 = 1{,}3577$	${}_2n_1 = 8$	${}_2s_1^2 = 0{,}1697$
Rest zwischen Spalten und Zeilen	$A_r = 4{,}1102$	$n_r = 72$	$s_r^2 = 0{,}0571$
Total	$A = 16{,}5260$	$n = 89$	

Zur *Signifikanzprüfung* bildet man die Quotienten

α	n_1	n_2	F_{95}	F_{99}	Urteil
${}_1s_1^2 : s_r^2 = 21{,}52$	9	72	2,02	2,67	++ (>99,9%)
${}_2s_1^2 : s_r^2 = 2{,}97$	8	72	2,07	2,78	+ (>99%)

die mit dem F-Test geprüft werden.

Versuchsergebnis

Die *Zunahme der Dickenquellung* nach dem Plattenrand hin ist mit mehr als 99,9%iger statistischer Sicherheit bewiesen. Die an den Meßstellen 1, 2 und 10 festgestellten Quellwerte sind mit über 99%iger Sicherheit größer als im Bereich der dazwischenliegenden Meßstellen 3 bis 9. Zwischen diesen 7 Meßstellen bestehen jedoch nur zufällige Unterschiede, was durch eine einfache Varianzanalyse zwischen den 7 Gruppen von je 9 Meßwerten nachgewiesen werden kann. Es wäre daher falsch, das Quellprofil in Abb. 21 nach der gestrichelt eingezeichneten Linie auszugleichen, wie man sie ohne Prüfung wohl „gefühlsmäßig" eintragen würde. Meßwerte, zwischen denen keine gesicherten Unterschiede bestehen, sollten nicht durch eine Kurve ausgeglichen werden.

Die Unterschiede *zwischen den 9 Platten* sind gesichert, jedoch bedeutend geringer als die Unterschiede zwischen den Meßstellen. Es ergibt sich daher die Frage, ob sie überhaupt mit den verschiedenen Leimrezepturen zusammenhängen, die für die Platten verwendet wurden. Um den Leimeinfluß beurteilen zu können, werden die Meßwerte aus je drei zusammengehörigen Platten zusammengefaßt. Man erhält dann die drei vorletzten Zeilen in Tab. 14, deren Zeilensummen (50,08 ...) aus je 30 Einzelwerten bestehen. Man teilt das Kollektiv mit einer einfachen Varianzanalyse nach diesen 3 Zeilen auf, indem die folgenden *Quadratsummen* berechnet werden:

$$\mathrm{IV} = \mathsf{S}\, x_i^2 \quad \text{(wie zuvor)} = 222{,}1883$$
$$\mathrm{III\,a} = (50{,}08^2 + 42{,}59^2 + 43{,}38^2)/30 = 206{,}7913$$
$$\mathrm{I} = 136{,}05^2/90 \quad \text{(wie zuvor)} = 205{,}6623$$

Die *Aufteilung* ergibt dann

Zwischen den Leimen	A_1 = IIIa − I = 1,1290	$n_1 = 2$	$s_1^2 = 0{,}5645$
Innerhalb der Leime	A_2 = IV − IIIa = 15,3970	$n_2 = 87$	$s_2^2 = 0{,}1770$

Der Varianzquotient $s_1^2 : s_2^2 = 3{,}19$ liegt sehr dicht bei der Schranke F_{95} für $n_1 = 2$ und $n_2 = 87$. Der Einfluß der Leimrezepturen ist also ungesichert.

2.2. Varianzanalysen mit unvollständigen Spalten oder Zeilen

(Zahlenbeispiel: *Auswertung von Festigkeitsmessungen*)

Die Kollektive, die in den vorausgegangenen Abschnitten als Zahlenbeispiele durchgerechnet wurden, hatten „vollständige" Anordnungstabellen, d.h. für jede Zeile und jede Spalte lag ein Meßwert oder eine Summe aus einer gleich großen Zahl von Meßwerten vor. Es gibt aber Fälle, in denen Varianzanalysen mit unvollständigen Spalten oder Zeilen durchgerechnet werden müssen. Der numerische Rechengang ist im Grunde der gleiche wie bei vollständigen Blöcken, aber etwas umständlicher.

Aufgabe. Die Betriebskontrolle eines Spanplattenwerkes hat nacheinander an 28 verschiedenen Tagen je eine 16 mm dicke Platte geprüft. In der Annahme, daß bei der Inbetriebnahme nach der Sonntagsruhe Pannen öfter vorkommen als an den übrigen Wochentagen, wurden von insgesamt 28 Platten 8 aus der Montags-, 5 aus der Dienstagsproduktion gezogen usw. Es wird gefragt, ob an bestimmten Wochentagen, z.B. am Montag „bessere" oder „schlechtere" Platten hergestellt werden, wobei als Beurteilungsmerkmal die Querzugfestigkeit gewählt wurde. Ordnet man die 28 Mittelwerte nach den Wochentagen, an denen die zugehörigen Platten hergestellt wurden, so erhält man ein Anordnungsschema mit unvollständigen Spalten (Tab. 15).

Tabelle 15. *Mittelwerte der Querzugfestigkeit in kp/cm² von 16 mm dicken Spanplatten, nach dem Wochentag der Herstellung geordnet*

	Mo	Di	Mi	Do	Fr	Sb	S →
	3,37	4,21	5,66	3,90	5,49	5,83	28,46
	6,37	5,87	5,76	5,73	4,25	6,15	34,13
	5,98	5,83	4,97	5,85	5,59	5,33	33,55
	3,26	5,77	5,91				14,94
	8,16	6,19	6,64				20,99
	5,91		5,59				11,50
	5,10						5,10
	4,52						4,52
S ↓	42,67	27,87	34,53	15,48	15,33	17,31	153,19
	$j = 8$	5	6	3	3	3	28

Rechengang für die Quadratsummen

$$\text{III} = \mathsf{S}\, x_i^2 = 3{,}37^2 + 6{,}37^2 + \cdots 5{,}33^2 \qquad = 866{,}1711$$

$$\left.\begin{aligned} \text{II} = 42{,}67^2/8 &= 227{,}5911 \\ 27{,}87^2/5 &= 155{,}3474 \\ 34{,}53^2/6 &= 198{,}7202 \\ (15{,}48^2 + 15{,}33^2 + 17{,}31^2)/3 &= 258{,}0918 \end{aligned}\right\} = 839{,}7505$$

$$\text{I} = 153{,}19^2/28 \qquad = 838{,}1134$$

Aufteilungsschema

	Abweichungsquadrate	Freiheitsgrade	Varianzen
Zwischen den Wochentagen	$A_1 = \text{II} - \text{I} = 1{,}6371$	$n_1 = 5$	$s_1^2 = 0{,}3274$
Innerhalb der Wochentage	$A_2 = \text{III} - \text{II} = 26{,}4206$	$n_2 = 22$	$s_2^2 = 1{,}1201$
Total	$A = \text{III} - \text{I} = 28{,}0577$	$n = 27$	$s^2 = 1{,}0391$

Ergebnis. Der Varianzquotient $s_1^2 : s_2^2$ ist kleiner als 1. Die an verschiedenen Wochentagen hergestellten Platten sind nur zufällig voneinander verschieden.

2.3. Dreifach zusammengesetzte Varianzanalysen

(Zahlenbeispiel: *Einfluß der Sprühwassermenge und Deckschichtfeuchte auf die Dickenquellung*)

Bei einer doppelten Varianzanalyse (Abschn. III, 2.1) wird die Summe der Abweichungsquadrate A von N Einzelwerten in drei Komponenten zerlegt:

${}_1A_1$ Abweichungsquadrate zwischen Spaltenmittelwerten,
${}_2A_1$ Abweichungsquadrate zwischen Zeilenmittelwerten,
A_r Restquadrate zwischen Spalten und Zeilen.

Sie führt daher mit k Spalten und j Zeilen zu dem allgemeinen Aufteilungsschema

	Abweichungsquadrate	Freiheitsgrade	Varianzen
Zwischen den Spalten	${}_1A_1$	${}_1n_1 = k - 1$	${}_1s_1^2 = {}_1A_1/{}_1n_1$
Zwischen den Zeilen	${}_2A_1$	${}_2n_1 = j - 1$	${}_2s_1^2 = {}_2A_1/{}_2n_1$
Rest Spalten/Zeilen	A_r	$n_r = (k-1)(j-1)$	$s_r^2 = A_r/n_r$
Total	A	$n = N - 1$	$s^2 = A/n$

Die vorangestellten Indizes 1 und 2 deuten die Einflußgröße an (1 = Spalten, 2 = Zeilen), während der nachgestellte Index 1 zum Ausdruck bringt, daß die Abweichungsquadrate aus Spalten- oder Zeilen-

mitteln berechnet wurden. Bildet man bei einer solchen Aufteilung die Varianzquotienten ${}_1s_1^2 : s_r^2$ und ${}_2s_1^2 : s_r^2$, so liegt dem Quotiententest die Vorstellung zugrunde, daß die k Spaltenmittel bzw. die j Zeilenmittel Zufallsproben aus einer sehr großen Zahl von Versuchen darstellen.

Der Fall, daß *Meßwerte* nach zwei oder mehreren Gesichtspunkten geordnet werden können, tritt bei Spanplattenversuchen verhältnismäßig selten auf. Versuche werden meist an ganzen Platten ausgeführt, aus denen Stichproben, z.B. vom Umfang $l = 10$ entnommen werden. Beim Auswerten solcher Versuche wird man daher nicht alle Einzelwerte, sondern nur die aus ihnen berechneten Mittelwerte ordnen und die mehrfache Analyse zwischen diesen durchrechnen. Jedem aus l Messungen bestehenden Versuch entspricht ein Mittelwert $\bar{x}$ und eine Varianz s^2 mit $l - 1$ Freiheitsgraden. Die Erfahrung hat gelehrt, daß die Varianzen s^2 in einem größeren Kollektiv von Versuchsergebnissen nicht bedeutsam voneinander verschieden sind, so daß man ihren Durchschnittswert, der mit s_2^2 berechnet wird, als Basis für Signifikanzprüfungen heranziehen kann. Die Methodik dieser „zusammengesetzten" Varianzanalysen wird zunächst an einer dreifachen Analyse gezeigt.

Aufgabe. Die Härtung der Harnstoffharze im Inneren von Spanplatten wird bekanntlich verbessert, wenn die Spanvliese unmittelbar vor dem Einfahren in die Presse mit Wasser bespüht werden. Als optimale Mengen werden in der Literatur etwa 120 g Zusatzwasser je m² Plattenoberfläche angegeben. Um festzustellen, ob der Effekt des Sprühens allein auf der damit verbundenen Erhöhung des Feuchtigkeitsgehaltes in den Deckschichten beruht, oder ob es sich um die spezifische Wirkung des relativ leicht beweglichen Zusatzwassers handelt, wurden Laborversuche durchgeführt. Der Versuchsplan sah drei verschiedene Feuchtigkeitsgehalte für die beharzten Späne vor (13, 20 und 24%). Jeder der drei Versuche bestand aus 4 dreischichtigen Platten von 16 mm Dicke, von denen zwei ohne und die beiden anderen mit Zusatz von Oberflächenwasser verpreßt wurden. Aus jeder der insgesamt 12 Platten wurden 10 Biege-, Querzug- und Quellproben entnommen. Da der Effekt

Tabelle 16. *Quellmessungen* q_2 in %

u_{DS}	Ungesprüht			Gesprüht		
	Nr.	Sx_i	Sx_i^2	Nr.	Sx_i	Sx_i^2
13%	513	69,30	481,7476	515	52,42	276,3658
	514	73,98	548,4314	516	45,50	207,9778
20%	555	42,92	185,2596	557	37,27	139,8911
	556	47,66	227,6976	558	34,95	123,2097
24%	551	43,11	189,6127	553	33,22	111,4694
	552	39,64	158,5724	554	35,48	129,2410

des Sprühens in den Quellungen nach 2stündiger Wässerung am deutlichsten erkennbar ist, wird als Beispiel für die Auswertungsmethode die Dickenquellung q_2 als Merkmal gewählt. Die aus je $l = 10$ Messungen berechneten Einzelwert- und Quadratsummen sind in Tab. 16 zusammengestellt.

Der Versuchsplan enthält zwei Variable, und zwar a) den Einfluß der Behandlung (Spalten: ungesprüht, gesprüht) und b) den Einfluß der Deckschichtfeuchte (Zeilen: 13, 20 und 24%). Er stellt also einen „Zwei-Faktoren"-Plan dar.

Die Varianzen innerhalb der 12 Platten sind, wie mit dem BARTLETT-Test nachgewiesen werden kann, nicht bedeutsam voneinander verschieden, so daß die Voraussetzung für die Anwendbarkeit einer mehrfachen Varianzanalyse erfüllt ist. Faßt man nun die Einzelwertsummen zusammen (jede zweite Platte stellt eine Wiederholung der ersten dar), so erhält man für die Summen aus je 20 Messungen das stark umrandete Anordnungsschema:

u_D	Oberflächenwasser		S→	l
	ohne	mit		
13%	143,28	97,92	241,20	40
20%	90,58	72,22	162,80	40
24%	83,05	68,70	151,75	40
S↓	316,91	238,84	555,75	120
l	60	60	120	

Man berechnet zunächst die *Quadratsummen*

$$
\begin{aligned}
\text{V} &= \mathsf{SS}\, x_i^2 \text{ (aus Tab. 16)} &&= 2779{,}4751\\
\text{IV} &= (143{,}28^2 + 90{,}58^2 + \cdots 68{,}70^2)/20 &&= 2757{,}7471\\
\text{III} &= (241{,}20^2 + 162{,}80^2 + 151{,}75^2)/40 &&= 2692{,}7335\\
\text{II} &= (316{,}91^2 + 238{,}84^2)/60 &&= 2624{,}6082\\
\text{I} &= 555{,}75^2/120 &&= 2573{,}8171
\end{aligned}
$$

Hieraus ergeben sich folgende Summen von *Abweichungsquadraten*

II − I = ${}_1A_1$ = Abweichungen der Spaltenmittel (Behandlungen)
III − I = ${}_2A_1$ = Abweichungen der Zeilenmittel (Deckschichtfeuchte)
IV − I = A_1 = Abweichungen der 6 Versuchsmittel
$A_r = A_1 - {}_1A_1 - {}_2A_1$ = Restquadrate zwischen Spalten und Zeilen
V − IV = A_2 = Abweichungsquadrate innerhalb der 6 Gruppen
V − I = A = Abweichungsquadrate aller 120 Einzelwerte

Der untere Teil in diesem Schema ist das Ergebnis einer einfachen Varianzanalyse, wobei die Summe aller Abweichungsquadrate A in *zwei*

Komponenten zerlegt wurde, nämlich in die Abweichungen *zwischen* und *innerhalb* der 6 Gruppen. Die Abweichungen zwischen den Gruppenmitteln werden anschließend mit einer doppelten Varianzanalyse in drei Komponenten zerlegt, so daß im oberen Teil des Aufteilungsschemas der *Einfluß* der Behandlungen (gesprüht – ungesprüht), der Einfluß der *Deckschichtfeuchte* und die *Restquadrate* zwischen den beiden Haupteinflüssen erscheinen. Das Zusammensetzen von ein- und mehrfachen Varianzanalysen ist ein sehr vielseitiges Auswerteverfahren, von dem bei Spanplattenversuchen sehr häufig Gebrauch gemacht wird.

Das *Gesamtaufteilungsschema* lautet:

	Abweichungsquadrate	Freiheitsgrade	Varianzen
Zwischen Behandlungen	${}_1A_1 = 50{,}7911$	${}_1n_1 = 1$	${}_1s_1^2 = 50{,}79$
Zwischen Feuchten	${}_2A_1 = 118{,}9164$	${}_2n_1 = 2$	${}_2s_1^2 = 59{,}46$
Rest zwischen Behandlung und Feuchte	$A_r = 14{,}2225$	$n_r = 2$	$s_r^2 = 7{,}11$
Zwischen allen 6 Gruppen	$A_1 = 183{,}9300$	$n_1 = 5$	$s_1^2 = 36{,}79$
Innerhalb der 6 Gruppen	$A_2 = 21{,}7280$	$n_2 = 114$	$s_2^2 = 0{,}191$
Total	$A = 205{,}6580$	$n = 119$	----

Die numerische Berechnung zusammengesetzter Varianzanalysen beginnt mit der einfachen Aufteilung zwischen und innerhalb der Gruppen. Wenn sich dabei herausstellt, daß zwischen den Gruppen nur zufällige Unterschiede bestehen, sind die gesuchten Haupteinflüsse praktisch unwirksam, so daß sich eine weitere Aufteilung erübrigt.

Versuchsergebnis (Signifikanzprüfung). Vergleicht man die Varianzen der beiden Haupteinflüsse (Behandlungen und Deckschichtenfeuchte) und die Restvarianz mit der durchschnittlichen Varianz s_2^2 innerhalb der Gruppen, so ergeben sich folgende Quotienten:

	α	n_1 n_2	$F_{99,9}$	Signifikanz
Behandlungen	266	1 114	11,4	++
Deckschichtfeuchte	311	2 114	7,4	++
Rest zwischen B und D	37	2 114	7,4	++

Bei den beschriebenen Versuchen ist die Verbesserung der Quellwerte sowohl durch das Aufdüsen von Oberflächenwasser wie durch eine Erhöhung der Spanfeuchte in den Deckschichten mit *höchster*, an Sicherheit grenzender Wahrscheinlichkeit nachgewiesen. Beide Maßnahmen können auch miteinander angewandt werden, jedoch ist das Nachsprühen bei niedriger Spanfeuchte wirksamer als bei hoher Spanfeuchte. Dieser Unterschied in der Wirksamkeit des Sprühens ist aus der hoch gesicherten Restvarianz s_r^2 erkennbar. Würden sich beide Maßnahmen linear überlagern, so müßte die Restvarianz verschwinden. Die mehrfache Varianzanalyse liefert also den *Beweis*, daß zwischen der Deckschichtfeuchte und der Menge des Oberflächenwassers Wechselwirkungen vorhanden sind.

Die Varianzen der Haupteinflüsse sind für sich betrachtet von der Restvarianz nicht signifikant verschieden:

	$s_1^2 : s_r^2 = \alpha$	n_1	n_2	F_{95}	Urteil
Behandlungen	50,79 : 7,11 = 7,14	1	2	18,5	—
Deckschichtfeuchte	59,46 : 7,11 = 8,36	2	2	19,0	—

Das bedeutet, daß die Wirksamkeit dieser beiden Variablen zwar bei dem ausgeführten Experiment mit höchster Sicherheit bewiesen wurde, daß man aber nicht sicher ist, ob die Ergebnisse auf alle vergleichbaren sonstigen Betriebsbedingungen übertragbar sein werden. Der Versuchsplan müßte erweitert werden, um die Zahl der für die Signifikanzprüfung verfügbaren Freiheitsgrade zu erhöhen und den F-Test schärfer zu machen.

Der Vergleich zwischen den Varianzen der Haupteinflüsse und der Restvarianz mit Hilfe des F-Tests ist aber nur dann sinnvoll, wenn die Gruppen, aus deren Mittelwerten die Varianzen berechnet wurden, als Stichproben aus einer größeren Grundgesamtheit aufgefaßt werden können. Diese Voraussetzung ist bei dem Beispiel der Sprühversuche erfüllt, weil für die Sprühwassermenge theoretisch beliebig viele, praktisch zwischen 0 und 150 g/m³ liegende Werte gewählt werden können. Die Versuche ,,ohne" Sprühen entsprechen also der Sprühwassermenge 0 und die Gegenversuche ,,mit" der Sprühwassermenge 120 g/m². Das gleiche gilt für die Feuchtigkeitsgehalte der Deckschichten, die etwa zwischen 8 und 40% verändert werden könnten. Um zu einer genaueren Aussage zu kommen, wird man im Versuchsplan zunächst eine weitere Sprühwassermenge einführen, die Feuchtigkeitsgehalte jedoch konstant lassen (13, 20 und 24%). Dann erhält man für die doppelte Aufteilung der Plattenmittelwerte die Freiheitsgrade

$$ {}_1n_1 = 2 \qquad {}_2n_1 = 2 \qquad {}_rn_1 = 4 $$

denen die Zufallsschranke $F_{95} = 9{,}6$ entspricht. Der Aussagewert des gesamten Experimentes würde durch die Erweiterung um drei Versuche erheblich gewinnen.

Es gibt aber Fälle, in denen die Variablen nicht als Stichproben aus einer größeren Grundgesamtheit aufgefaßt werden können. Wenn z.B. festgestellt werden muß, ob ein Quellschutzmittel oder ein Kunstharz bessere oder schlechtere Eigenschaften ergibt als ein Vergleichsprodukt, oder ob sich durch den Zusatz eines Holzschutzmittels irgendwelche

Eigenschaften ändern, so gibt es keine Grundgesamtheit, die durch die beiden Produkte repräsentiert wird. Die Varianzquotienten ${}_1s_1^2 : s_r^2$ haben dann keinen Sinn und würden eine reine Fiktion darstellen. Dagegen bleibt der Vergleich mit der Durchschnittsvarianz innerhalb der Platten (s_2^2) auch in diesen Fällen sinnvoll.

2.4. Vierfach zusammengesetzte Varianzanalysen

(Zahlenbeispiel: *Einfluß der Probenform auf die Biegefestigkeit*)

Das im vorigen Abschnitt behandelte Beispiel, bei dem ein Kollektiv zunächst *einfach* (zwischen Gruppen – innerhalb Gruppen) und in bezug auf die Mittelwerte *doppelt* aufgeteilt wurde, läßt sich beliebig erweitern, wenn es nach mehreren Gesichtspunkten geordnet werden kann. Ein in Spalten, Zeilen und Blöcken geordnetes Zahlenkollektiv wird nach folgendem Schema aufgeteilt:

Aufteilungsschema für eine vierfach zusammengesetzte Varianzanalyse

	Abweichungsquadrate	Freiheitsgrade
Zwischen Spalten (1)	${}_1A_1$	$(k-1)$
Zwischen Zeilen (2)	${}_2A_1$	$(j-1)$
Zwischen Blöcken (3)	${}_3A_1$	$(m-1)$
Reste (Wechselwirkungen)	${}_rA_1$	
Zwischen Spalten/Zeilen	(1×2)	$(k-1)(j-1)$
Zwischen Spalten/Blöcken	(1×3)	$(k-1)(m-1)$
Zwischen Zeilen/Blöcken	(2×3)	$(j-1)(m-1)$
Zwischen Spalten/Zeilen/Blöcken	$(1 \times 2 \times 3)$	$(k-1)(j-1)(m-1)$
Zwischen Mittelwerten zusammen	A_1	$kjm-1$
Innerhalb der Gruppen	A_2	$N-kjm$
Total	A	$N-1$

Das folgende Zahlenbeispiel stellt die Auswertung von Versuchen über den Einfluß der Probenform auf die Biegefestigkeit dar. Diese Versuche waren für die Neufassung von DIN 52362 (1961) maßgebend.

Aufgabe. Die erste, aus dem Jahr 1955 stammende Fassung des Normblattes DIN 52362 (Prüfung von Holzspanplatten, Bestimmung der Biegefestigkeit) enthält folgende Vorschriften für die Abmessungen der Biegestäbe:

Probenbreite	für $a < 8$ mm	$b = 50$ mm
	für $8 < a < 16$ mm	$b = 75$ mm
	für $a > 16$ mm	$b = 100$ mm
Stützweite	$L_s = 20\,a$ (a = Plattendicke)	

Orientierende Versuche an sehr schmalen Biegestäben ($b = 25$ mm) hatten es zweifelhaft erscheinen lassen, ob eine Differenzierung der Probenbreite nach der Plattendicke überhaupt notwendig ist, zumal eine elastizitätstheoretische Begründung dafür fehlt. Dagegen kann die Stützweite der Biegeproben nicht willkürlich gewählt werden, weil zwischen Stützweite und Biegefestigkeit ein funktionaler Zusammenhang besteht. Je kürzer der Biegestab ist, um so größer wird die Bruchlast, die zur Erzeugung des Bruchbiegemomentes erforderlich ist. Damit steigt aber auch die Schubspannung an, die in der Stabmitte ihr Maximum erreicht. Zwischen den Biege- und Schubspannungen besteht die Beziehung

$$\sigma_b/\tau = L_s/a$$

Ein extrem kurzer Biegestab kann primär durch Überschreiten der Schubfestigkeit zerstört werden. Es fragt sich aber, ob der Einfluß der Schubspannung erst bei einem Stützweitenverhältnis $L_s/a > 20$ verschwindet, oder anders ausgedrückt, ob die Stützweite verringert werden kann. Es war daher durch Versuche zu klären, ob und inwieweit in der Norm kürzere Biegestäbe zugelassen werden können, die mit Rücksicht auf die in der Spanplattenindustrie üblichen Festigkeitsmaschinen wünschenswert waren.

Aus industriell hergestellten dreischichtigen Spanplatten von 16 mm Dicke wurden daher Biegeproben mit verschiedenen Breiten und Stützweiten entnommen. Es wurden folgende Variablen gewählt:

Stützweiten	320	270	210	160 mm
Breiten	100	75	50	25 mm

Von den 16 Kombinationen dieser Variablen wurden je 10 Biegeproben hergestellt. Um den Versuchen einen größeren Aussagewert zu geben, wurden Platten aus 4 verschiedenen Industriewerken geprüft. Das zu analysierende Zahlenkollektiv ist ein ,,Drei-Faktoren-Versuch''.

(Spalten) $k = 4$ Probenbreiten B
(Zeilen) $j = 4$ Stützweiten S } $kjm =$ 64 Gruppen
(Blöcke) $m = 4$ Firmen F

$l =$ 10 Messungen
$N = 640$ Einzelwerte

Die Meßergebnisse sind in Tab. 17 zusammengestellt. Jeder Zahlenwert im oberen Teil der Tabelle, d.h. in den 4 Blöcken, ist die Summe von 10 Messungen.

Um in dem Kollektiv in Tab. 17 den Einfluß der Stützweite zu messen, werden jeweils die Meßwerte innerhalb der Firmenblöcke addiert, für $S = 320$ mm also die Summen $2144 + 2373 + 2279 + 1575 = 8371$

mit zusammen 40 Werten. Dadurch entsteht das am Fuß von Tab. 17 angegebene zweifach nach Stützweiten und Breiten geordnete Anordnungsschema.

Tabelle 17. *Biegefestigkeit von Spanplatten in kp/cm². Drei-Faktoren-Versuch mit 4 Stützweiten, 4 Probenbreiten und 4 Firmenerzeugnissen* (N = *640 Einzelwerte*)

Platte	S \ B	100	75	50	25	$\mathsf{SS}x_i$ →	$\mathsf{SSS}x_i$	$\mathsf{SSS}x_i^2$
	320	2144	2052	2526	2313	9035		
A	270	2230	2100	2296	2470	9096		
	210	2292	2190	2364	2443	9289		
	160	2191	2121	2326	2344	8982		
↓	$\mathsf{SS}x_i$	8857	8463	9512	9570		36402	8 341 412
	320	2373	2166	1891	2307	8737		
B	270	1716	2167	1654	2422	7959		
	210	2186	1913	2558	2140	8797		
	160	2151	2369	2243	2194	8957		
↓	$\mathsf{SS}x_i$	8426	8615	8346	9063		34450	7 642 024
	320	2279	1757	2064	2033	8133		
C	270	2168	2085	2088	1873	8214		
	210	2232	2299	2057	1722	8310		
	160	2433	2364	2171	1966	8934		
↓	$\mathsf{SS}x_i$	9112	8505	8380	7594		33591	7 195 099
	320	1575	1650	1689	1278	6192		
D	270	1255	1745	902	1857	5759		
	210	1288	1291	1028	1309	4916		
	160	1087	2164	936	934	5121		
↓	$\mathsf{SS}x_i$	5205	6850	4555	5378		21988	3 286 010
					Summen		126431	26 464 545
$\mathsf{S}(L_s = 320)$		8371	7625	8170	7931	32097		
$\mathsf{S}(L_s = 270)$		7369	8097	6940	8622	31028		
$\mathsf{S}(L_s = 210)$		7998	7693	8007	7614	31312		
$\mathsf{S}(L_s = 160)$		7862	9018	7676	7438	31994		
	$\mathsf{SSS}x_i$	31600	32433	30793	31605	126431		

Der *Rechengang* beginnt mit der Bestimmung der drei Hauptvarianzen, für die man die folgenden *Quadratsummen* braucht:

$$\mathrm{I} = (\mathsf{S}\,x_i)^2/N = \quad 126431^2/640 = 24976246$$

$$\mathrm{II} = (31600^2 + \cdots 31605^2)/160 = 24984652 \text{ Probenbreiten}$$

$$\mathrm{III} = (32097^2 + \cdots 31994^2)/160 = 24981322 \text{ Stützweiten}$$

$$\mathrm{IV} = (36402^2 + \cdots 21988^2)/160 = 25773347 \text{ Firmen}$$

Die Varianzen der drei Einflußgrößen ergeben sich dann aus den Abweichungsquadratsummen und den zugehörigen Freiheitsgraden wie folgt:

Summe der Abweichungsquadrate	Freiheitsgrade	Varianzen	Einflußgrößen
${}_1A_1 = \text{II} - \text{I} = 8406$	${}_1n_1 = 3$	${}_1s_1^2 = 2802$	Breiten
${}_2A_1 = \text{III} - \text{I} = 5076$	${}_2n_1 = 3$	${}_2s_1^2 = 1692$	Stützweiten
${}_3A_1 = \text{IV} - \text{I} = 797101$	${}_3n_1 = 3$	${}_3s_1^2 = 265700$	Firmen

Zwischen je zwei der Variablen sind *Wechselwirkungen* zu berechnen, die zweckmäßig durch doppelte Varianzanalysen bestimmt werden. Wir beginnen mit dem am Fuß von Tab. 17 stehenden Anordnungsschema und berechnen die Restvarianz „*zwischen Stützweiten und Breiten*", die wir durch die Schreibweise $(S \times B)$ symbolisieren. Dazu ist zunächst die Quadratsumme

$$V = (8371^2 + 7369^2 + \cdots 7438^2)/40 = 25071136$$

notwendig. Die Summe der Abweichungsquadrate $(S \times B)\ A_r$ ist dann wie folgt berechenbar

$$_{(S \times B)}A_r = V + \text{I} - \text{II} - \text{III} = 81408$$

Sie ist mit $(k - 1)(j - 1) = 9$ Freiheitsgraden verknüpft. Man erhält daher

$$(S \times B)_r s_1^2 = \frac{81408}{9} = 9045$$

Das Anordnungsschema zwischen „*Firmen und Breiten*" lautet:

F \ B	100	75	50	25	SSS x_i →	
A	8857	8463	9512	9570	36402	
B	8426	8615	8346	9063	34450	IV ↓
C	9112	8505	8380	7594	33591	
D	5205	6850	4555	5378	21988	
SSS x_i ↓	31600	32433	30793	31605	126431	

II →

Man berechnet die *Quadratsumme*

$$\text{VI} = (8857^2 + 8426^2 + \cdots 5378^2)/160 = 25902087$$

die Summe der *Abweichungsquadrate*

$$_{(F \times B)}A_r = \text{VI} + \text{I} - \text{II} - \text{IV} = 120334$$

die mit $(m-1)(k-1)=9$ Freiheitsgraden verknüpft ist, und die *Restvarianz*

$$_{(F\times B)r}s_1^2=\frac{120334}{9}=13370$$

Das Anordnungsschema zwischen „*Firmen und Stützweiten*" lautet:

F \ S	320	270	210	160	SSS x_i →
A	9035	9096	9289	8982	36402
B	8737	7959	8797	8957	34450
C	8133	8214	8310	8934	33591
D	6192	5759	4916	5121	21988
SSS x_i ↓	32697	31028	31312	31994	126431

IV ↓

III →

Man berechnet die *Quadratsumme*

$$\text{VII}=(9035^2+8737^2+\cdots 5121^2)/160=25825319$$

die *Abweichungsquadrate* für $(F\times S)$ aus

$$_{(F\times S)}A_r=\text{VII}+\text{I}-\text{III}-\text{IV}=46896$$

und die *Restvarianz* mit $(k-1)(j-1)=9$ Freiheitsgraden

$$_{(F\times S)r}s_1^2=\frac{46896}{9}=5211$$

Um die Summe der Abweichungsquadrate zwischen allen 64 Gruppen berechnen zu können, wird noch die Quadratsumme

$$\text{VIII}=(2144^2+2230^2+\cdots 934^2)/10=26163086$$

gebraucht. Dann ist

$$A_1=\text{VIII}-\text{I}=1186840 \text{ mit } n_1=63 \text{ Freiheitsgraden}$$

Die Restquadrate zwischen Stützweiten, Probenbreiten und Firmen (SBF) werden als Differenz wie folgt berechnet:

$$_{(S\times B\times F)}A_r=A_1-({}_1A_1+{}_2A_1+{}_3A_1)-{}_{(S\times B)}A_r+{}_{(F\times B)}A_r+{}_{(S\times F)}A_r$$

Die Abweichungsquadrate *zwischen den 64 Gruppen* sind

$$A_2=\text{IX}-\text{VII}=26\,464\,545-26\,163\,086=301\,459$$

Die Quadratsumme IX ist die Summe der Quadrate aller 640 Einzelwerte, die aus den Protokollen der Versuche übernommen wurde. Die Ergebnisse der vorstehend beschriebenen Rechnungen werden in das Aufteilungsschema von S. 68 eingetragen, und man erhält als Gesamtergebnis die Tab. 18.

Signifikanzprüfungen und Schlußfolgerungen. In Tab. 18 sind in der zweiten senkrechten Spalte von oben her zunächst die Summen der Ab-

Tabelle 18. *Ergebnis des „Drei-Faktoren-Versuches“ (Stützweite, Probenbreite, Firmen) für die Biegefestigkeit von Spanplatten*

Art der Einflüsse	Abweichungs-quadrate	Freiheits-grade	Varianz
Zwischen Stützweiten (S)	5076	3	1692
Zwischen Probenbreiten (B)	8406	3	2802
Zwischen Firmen (F)	797101	3	265700
Wechselwirkungen			
Zwischen Stützweiten und Breiten ($S \times B$)	81408	9	9045
Zwischen Firmen und Breiten ($F \times B$)	120334	9	23008
Zwischen Firmen und Stützweiten ($F \times S$)	46896	9	5211
Rest zwischen Stützweiten, Breiten und Firmen ($S \times B \times F$)	127619	27	4727
Zwischen 64 Gruppen A_1	1186 840	63	18839
Innerhalb der Gruppen A_2	301 459	576	523
Total A	1488 299	639	–

weichungsquadrate untereinander gestellt, die von den drei Haupteinflüssen herrühren. Unter ihnen sind die Unterschiede zwischen den Firmen sehr hoch gesichert. Sie erklären sich aus der Wahl der Erzeugnisse (eine gute, zwei durchschnittliche und eine unterdurchschnittliche Plattensorte), die ja eine repräsentative Stichprobe aus allen handelsüblichen Spanplatten darstellen mußte. Auch die verschiedenen Probenbreiten (25 bis 100 mm) und die Stützweiten (160 bis 320 mm) sind Stichproben aus größeren Grundgesamtheiten. Um beurteilen zu können, ob die aus den drei Einflußgrößen herrührenden Varianzen signifikant sind, sind diese mit den Varianzen der Wechselwirkungen zu vergleichen. Die ersten drei der vier Restvarianzen sind Wechselwirkungen zwischen je zwei Variablen, während die vierte Varianz, die Wechselwirkung zwischen allen drei Variablen, als Versuchsfehler des Experiments zu verstehen ist. Benutzt man diese Restvarianz ($S \times B \times F$) als Vergleichsbasis, so erhält man folgende Varianzquotienten

	α	Entscheidung
Haupteinflüsse		
zwischen Stützweiten	0,36	–
zwischen Probenbreiten	0,59	–
zwischen Firmen	56,21	++
Wechselwirkungen		
zwischen Stützweiten und Breiten	1,91	–
zwischen Breiten und Firmen	4,87	++
zwischen Firmen und Stützweiten	1,10	–

Die Varianzquotienten sind mit den Schrankenwerten der F-Verteilung zu vergleichen. Sie lauten

n_1	n_2	F_{95}	F_{99}	$F_{99,9}$	Für
3	27	2,96	4,60	7,27	Haupteinflüsse
9	27	2,25	3,15	4,64	Wechselwirkungen

Das Niveau der Entscheidungen ist durch Symbole angedeutet (unter 95% Sicherheit durch ein —-Zeichen, zwischen 95 und 99% durch $\pm$, über 99% durch $+$, über 99,9% durch $++$).

Die Signifikanzprüfung für den gesamten Versuch ergibt, daß nur die Unterschiede zwischen den 4 Firmenerzeugnissen und die Wechselwirkungen zwischen Firmen und Probenbreiten signifikant sind. Alle anderen Unterschiede sind nicht echt von Null verschieden. Faßt man alle nichtsignifikanten Abweichungsquadrate und die ihnen zugeordneten Freiheitsgrade zu Restsummen zusammen, so vereinfacht sich das Aufteilungsschema in Tab. 18 wie folgt:

Art der Einflüsse	Abweichungsquadrate	Freiheitsgrade	Varianzen
Zwischen den Firmen	797101	3	265700
Zwischen Firmen, Stützweiten und Breiten	389739	60	6496
Zwischen 64 Gruppen	1186840	63	18839
Innerhalb der Gruppen	301459	576	523
Total	1488299	639	—

Für die Neufassung der Prüfvorschriften DIN 52362 (Bestimmung der Biegefestigkeit) wurden aus diesem Versuch folgende Schlußfolgerungen gezogen:

a) *Die Breite der Biegeproben* ist ohne Einfluß auf die Biegefestigkeit. Es besteht daher keine Veranlassung, die Differenzierungen in der Normfassung von 1955 beizubehalten. Für alle Plattendicken wurde daher die Breite der Biegeproben einheitlich auf 50 mm festgelegt. Da die Versuche auch Biegeproben von 25 mmBreite einschließen, die man für das Aufteilen von kleinen Formaten. z.B. von Laborplatten verwendet, entsteht auch kein systematischer Fehler, wenn Ergebnisse aus Laborversuchen auf industrielle Maßstäbe übertragen werden.

b) Im Bereich $10 < L_s/a < 20$ ist auch das Verhältnis von *Stützweite* zur Plattendicke ohne Einfluß auf die Biegefestigkeit. Es ist daher nicht erforderlich, für die Biegeproben eine Mindeststützweite $L_s = 20 \cdot a$ vorzuschreiben, wie das in der älteren Fassung von DIN 52362 der Fall war. In der Neufassung wurde die Mindeststützweite von $L_s = 10 \cdot a$ vorgeschrieben. Spätere Versuche mit noch kleineren Stützweiten ergaben, daß erst im Stützweitenbereich zwischen 5 und 8 mit Primärbrüchen durch Schubspannungen zu rechnen ist. Für die Betriebskontrolle in der Industrie und für die Kontrollen innerhalb der Güteüberwachung werden daher heute bei Platten bis zu 25 mm Dicke einheitliche Biegeproben von 50 mm Breite und 250 mm Länge verwendet, die mit einer Stützweite von 200 mm geprüft werden.

c) Die Restvarianzen (Wechselwirkungen) sind im Vergleich zur Durchschnittsvarianz s_2^2 durchweg gesichert. Es ist also erklärlich, daß Versuche gelegentlich auch signifikante Einflüsse der Probenabmessungen aufweisen, wenn sie nur an einer einzelnen Platte ausgeführt und für sich allein betrachtet werden. Das war z.B. bei den Versuchen geschehen, die für die ursprüngliche Fassung von DIN 52362 herangezogen wurden.

2.5. Anmerkungen zum Gebrauch mehrfacher Varianzanalysen bei Versuchen mit Spanplatten

Versuchspläne. Die bei technologischen Versuchen häufig angewandte Methodik, jede Variable in ihrer Wirkung auf eine Zielgröße einzeln zu verfolgen, gilt als veraltet. Die mathematische Statistik lehrt, daß der Aussagewert größer wird, wenn mehrere Variable miteinander untersucht werden. Diese Regel ist bei Versuchen mit Spanplatten besonders wichtig, weil ihre Eigenschaften fast immer von mehreren Variablen abhängen. Die wichtigsten Einflußgrößen sind überdies voneinander nicht unabhängig. Beispiele dafür sind der Wasserhaushalt, die Preßtemperatur und die Preßzeit, die den Ablauf von Härtungs- und Verdichtungsvorgängen beeinflussen und sich in den elastomechanischen und physikalischen Eigenschaften der Platten auswirken. Durch die unterschiedliche Wirksamkeit von mehreren Variablen entstehen Wechselwirkungen, deren Kenntnis ebenso wichtig ist wie die Hauptwirkung der Variablen allein. Da Wechselwirkungen mit Hilfe mehrfacher Varianzanalysen auf einfache Weise nachweisbar sind, ist diese Methode bei Versuchen mit Spanplatten besonders nützlich.

Der Nutzen, der sich aus der Hinzunahme weiterer Variablen ziehen läßt, wurde an zwei Beispielen gezeigt. Bei den Sprühversuchen (dreifache Analyse) wurde der Feuchtigkeitsgehalt der Deckschicht mit verändert, bei den Versuchen über den Einfluß der Probenform auf die Biegefestigkeit (vierfache Varianzanalyse) wurden die Firmenerzeugnisse als zusätzliche Variable eingeführt, um den Aussagewert der Ergebnisse zu erhöhen. Beim Planen eines Versuches soll daher zunächst überlegt werden, ob die zu untersuchende Einflußgröße noch von anderen Variablen abhängen kann und ob zwischen diesen Variablen stochastische Beziehungen bestehen können. Durch die Hinzunahme solcher Variablen wird zugleich die Aufgabenstellung ausgeweitet. Man fragt nicht nur danach, wie sich die Änderung *einer* Variablen auswirkt, sondern ob und wie sie sich bei *verschiedenen Versuchsbedingungen* auswirken wird. Solche Erweiterungen sind vor allem bei Laborplatten notwendig, deren Wasserhaushalt sich infolge der kleineren Formate beim Preßvorgang in anderer Weise ändert als bei Industrieformaten. Bei vielen verfahrenstechnischen Untersuchungen ist es daher zweckmäßig, den Feuchtigkeitsgehalt der Späne als zusätzliche Variable in den Versuchsplan mit einzubeziehen.

Vorversuche in lateinischen Quadraten. Versuche mit mehreren Variablen können sehr umfangreich werden, wenn für jede Variable mehrere Stufen gewählt werden müssen. Ein „Drei-Faktoren-Versuch" mit $k = 4$, $j = 4$ und $m = 4$ Stufen umfaßt bereits 64 Platten, wenn alle Kombinationen zwischen den Variablen untersucht werden. Es ist daher wünschenswert, in einem Vorversuch die Wirksamkeit der in Betracht kommenden Variablen orientierend abzuschätzen. Die Möglichkeit dazu bieten Versuche, die als „*Lateinisches Quadrat*" angelegt werden. Als Beispiel dafür wird an die im vorigen Abschnitt beschriebenen Sprühversuche angeknüpft, bei denen nach dem Einfluß der Sprühwassermenge und der Spanfeuchte auf die Quellung gefragt wurde. Als dritte Variable bietet sich die Preßzeit an. Für alle drei Variablen werden 3 Stufen gewählt, z.B.

Sprühwassermenge	0	60	120 g/m²
Spanfeuchte	12	18	24%
Preßzeit	4	5	6 min

Diese 9 Stufen werden folgendermaßen kombiniert:

		Sprühwassermenge g/m² →		
		0	60	120
Spanfeuchte ↓	12%	4′	5′	6′
	18%	5′	6′	4′
	24%	6′	4′	5′

Die Summen der senkrechten Spalten zeigen dann den Einfluß der Sprühwassermenge, die Zeilensummen den Einfluß der Spanfeuchte. Die drei Stufen der dritten Variablen, der Preßzeit, treten in jeder Spalte und jeder Zeile nur einmal auf. Faßt man jeweils die Kombinationen mit $t = 4'$, $t = 5'$ und $t = 6'$ zusammen, so läßt sich auch der Einfluß der Preßzeit berechnen. Die Varianzen der drei Variablen sind mit je 2 Freiheitsgraden verknüpft. Zwischen allen 9 Kombinationen bestehen 8 Freiheitsgrade. Die Restvarianz, die aus der Differenz der Abweichungsquadrate zwischen allen 9 Versuchen und den Quadraten zwischen den drei Einflußgrößen berechnet wird, ist mit $8 - 3 \cdot 2 = 2$ Freiheitsgraden verknüpft. Ein solcher Versuchsplan heißt „lateinisches Quadrat 3×3" und enthält 9 Kombinationen zwischen den drei Variablen. Das Schema kann sinngemäß auf eine beliebige Zahl von Variablen erweitert werden.

Da bei einem lateinischen Quadrat „3×3" nur 9 von insgesamt 27 Kombinationen gebraucht werden, vermindert sich der Umfang des Versuches um $^1/_3$. Die Auswertung der Ergebnisse mit einer Varianzanalyse ist sehr einfach, aber nur dann zuverlässig, wenn die Variablen voneinander unabhängig sind. Wechselwirkungen zwischen den Variablen „Sprühwassermenge" und „Spanfeuchte" erscheinen beispielsweise als Einfluß der Preßzeit usw. Wegen der Gefahr von Trugschlüssen ist bei Versuchen mit Spanplatten Vorsicht geboten, wenn sie in lateinischen Quadraten angelegt werden. Als Vorversuche angewandt liefern sie aber Anhaltspunkte dafür, in welcher Richtung der endgültige Versuchsplan erweitert werden muß.

Anmerkungen zum Varianz-Quotienten-Test (*F*-Test). Die Signifikanzprüfungen bei Varianzanalysen beruhen auf dem Vergleich zweier Varianzen, von denen die eine (s_2^2) als durchschnittliche Varianz oder als Restvarianz berechnet wird. Für angenommene unendlich viele Gruppen vom Umfang l ist die alleinige Varianz der Gruppenmittel

$$s_m^2 = (s_1^2 - s_2^2)/l$$

und somit

$$s_1^2 = l s_m^2 + s_2^2$$

Man kann also erwarten, daß die Varianz „zwischen den Gruppen" größer ist als die durchschnittliche Varianz s_2^2, d.h. daß $\alpha > 1$ ist. Es gibt aber Fälle, in denen der Quotient $\alpha \leqq 1$ wird. Dann muß s_m^2 gleich Null oder nicht signifikant von Null verschieden sein. Wenn s_m^2 jedoch *signifikant kleiner* ist als s_2^2, was ebenfalls mit dem F-Test nachprüfbar ist, dann besteht der Verdacht, daß sich irgendein systematischer Fehler in die Versuchsergebnisse eingeschlichen hat, und man wird den Versuch wiederholen, wenn er sich nicht als Rechenfehler aufklären läßt.

Der F-Test gilt streng nur unter *folgenden Voraussetzungen*:

a) Die Varianzen innerhalb der Gruppen, die zur Berechnung der durchschnittlichen Varianzen dienen, dürfen nicht signifikant voneinander verschieden sein, was in Zweifelsfällen mit dem Bartlett-Test nachprüfbar ist. Bei Versuchen mit Spanplatten, vor allem bei Laborversuchen, stellt die „Gruppe" im allgemeinen eine Stichprobe aus einer einzelnen Platte dar. Die „inneren" Varianzen sind selbst bei sehr großen Mittelwertsunterschieden praktisch konstant, so daß die Bedingung a) fast immer erfüllt ist.

b) Die Gruppenmittelwerte, die bei Varianzanalysen meist verschiedenen Stufen einer Variablen entsprechen, müssen Stichproben aus sehr großen Grundgesamtheiten darstellen. Diese Bedingung ist nicht immer erfüllt.

c) Die einzelnen Variablen müssen normal verteilt sein, was bei den Eigenschaften der Spanplatten fast immer, bei den Variablen und bei den Varianzen jedoch häufig nicht erfüllbar ist.

Wenn einzelne dieser mathematischen Voraussetzungen nicht zutreffen, ist bei der Anwendung des Varianz-Quotienten-Tests einige Vorsicht geboten. Untersuchungen über den Gültigkeitsbereich des Quotiententests, die von englischen Mathematikern vorgenommen wurden, haben aber gezeigt, daß er auch dann noch aussagekräftig bleibt, wenn die eine oder andere Bedingung erheblich überschritten wird. Vorsichtshalber wird man daher das Niveau der statistischen Sicherheit entsprechend höher wählen, wenn mit erheblichen Abweichungen zu rechnen ist.

Die Übertragung von Laborversuchen auf industrielle Maßstäbe. Die an Laborplatten festgestellten inneren Varianzen sind meist kleiner als die entsprechenden Varianzen von Industrieplatten. Daraus ergibt sich, daß auch die Durchschnittsvarianzen kleiner sind als bei Industrieplatten, so daß bei Laborversuchen größere Zahlenwerte für die Varianzquotienten gefunden werden. Der F-Test verliert also bei der Übertragung auf Industriemaßstäbe an Schärfe. Man kann daher nur bei solchen Ergebnissen mit einer Übertragbarkeit rechnen, die mit sehr großer, praktisch über 99% liegender Sicherheit erwiesen sind.

Die Übertragbarkeit von Laborversuchen auf industrielle Maßstäbe wird sehr erschwert, wenn für den Laborversuch andere Späne benutzt werden als für den Industrieversuch. Nun läßt sich aber auch bei Laborversuchen das Spanmaterial nicht immer konstant halten. Nur bei kleineren Versuchen mit übersehbarem Umfang, die in relativ kurzer Zeit beendet werden können, wird es möglich sein, vor dem Versuch eine annähernd gleichförmige Spanmenge zu beschaffen und sie getrennt zu lagern. Bei *langfristigen Versuchen* sind Schwankungen des Spangutes unvermeidlich. Um zu einer Aussage über die Bedeutsamkeit solcher Holzeinflüsse zu kommen, sind die Hauptversuche mehrmals zu unterbrechen und Blindversuche mit dem jeweils vorliegenden Spanmaterial einzuschalten. Man erhält dann eine zusätzliche Reihe von Stichproben, die zu einer neuen Grundgesamtheit „Blindversuch" zusammengefaßt Anhaltspunkte für die holzbedingten Unterschiede im Hauptversuch liefern und als Vergleichsbasis für diesen dienen können.

3. Auswerten von Versuchen mit Hilfe der Regressionstheorie

Die Weiterentwicklung von Spanplatten ist auf experimentelle Untersuchungen angewiesen, weil die Zusammenhänge zwischen der Verfahrenstechnik und den Eigenschaften so komplex sind, daß sie rechnerisch nicht erfaßt werden können. Man geht dabei von der Vermutung aus, daß zwischen einer Einflußgröße, z.B. der Spanfeuchte, Spanform, dem Kunstharzgehalt usw. und einer Zielgröße, z.B. der Rohdichte in der Deckschicht, der Quellung usw. ein stochastischer Zusammenhang bestehen könne oder müsse und führt Versuche aus, um die Gesetzmäßigkeiten kennen zu lernen, denen er gehorcht. Die Einflußgrößen (x) werden dabei systematisch, meist in Stufen von gleichen Abständen verändert, wobei die Änderung der Zielgrößen (y) gemessen wird. Ein solcher Versuch liefert eine Reihe von Wertepaaren (x_i, y_i). Der *Umfang* des Versuches ist gleich der Anzahl N der Wertepaare. Wenn x als die unabhängige, in bestimmten Grenzen frei wählbare Variable und y als abhängige Variable aufgefaßt wird, kann der stochastische Zusammenhang zwischen den Variablen durch die Schreibweise

$$y \to x$$

angedeutet werden. Sie entspricht dem bei funktionalen Zusammenhängen üblichen Symbol $y = f(x)$.

Trägt man die Wertepaare (x_i, y_i mit $i = 1, 2, \ldots, N$) in einem geeigneten Koordinatensystem graphisch auf, so entsteht ein *Punkthaufen*. Wenn ein solcher Punkthaufen eine Tendenz erkennen läßt, wenn z.B. y mit steigenden Werten von x zu- oder abnimmt, so ist es wahrscheinlich, daß zwischen den Variablen eine Abhängigkeit besteht, die man als *Regression* oder *Korrelation* bezeichnet. Die Auswertung des Versuches besteht dann darin, den Punkthaufen durch eine „*Regressionslinie*" auszugleichen. Das bei technologischen Arbeiten sehr beliebte Einzeichnen von Regressionslinien „nach Gefühl" ist ein sehr willkürliches Verfahren, sofern nicht Grenzbedingungen vorhanden sind, die dem gezeichneten Verlauf eine hinreichende Wahrscheinlichkeit geben. Hierfür kommen beispielsweise Nullstellen, Asymptoten, Durchgang durch den Koordinatenursprung usw. in Frage. Wenn solche Anhaltspunkte fehlen, kann in vielen Fällen mit Hilfe der Regressionstheorie eine „beste" Näherung für die Regressionslinie berechnet werden. Es läßt sich ferner mit Hilfe von Existenztests untersuchen, ob die angenommene Regression mit ausreichender Sicherheit existiert.

Die numerische Behandlung von Regressionen ist sehr umständlich, wenn die Regressionslinie einem komplizierten mathematischen Gesetz gehorcht. In einigen Sonderfällen ist sie jedoch sehr einfach, z.B. für Funktionen der Form $y = a + bx$ oder $y = a + bx + cx^2$. Wenn ein Punkthaufen durch eine gerade Linie ausgeglichen werden kann, spricht man von einer *linearen* Regression, wenn die Regressionslinie eine stetige, gekrümmte Kurve ist, von einer *nichtlinearen* Regression. Zwar gibt es in der Spanplattentechnik wenige Beispiele, in denen sich ein linearer Zusammenhang physikalisch oder elastizitätstheoretisch begründen läßt, trotzdem können viele Versuche als lineare Regressionen behandelt werden, weil es meist möglich ist, mindestens ein Gebiet innerhalb technisch ausnutzbarer Grenzen als Gerade zu betrachten.

Aber auch die Erkenntnis, daß in einem bestimmten Bereich keine Regression vorhanden ist, kann wichtig sein. Das gilt insbesondere für die Rohdichte, die mit den Eigenschaften von Spanplatten nicht so stramm korreliert ist, wie vielfach angenommen wird. Es muß aber vorausgeschickt werden, daß Regressionsrechnungen nur sinnvoll sind, wenn eine hinreichende Zahl von Wertepaaren zur Verfügung steht, und daß man bei Schlußfolgerungen auf Grund von Regressionsanalysen noch kritischer sein muß als bei Varianzanalysen.

3.1. Einfache lineare Regression

Eine Regression heißt *einfach*, wenn die zu untersuchende stochastische Abhängigkeit nur zwischen zwei Variablen (x, y) besteht oder vermutet wird. Wenn die abhängige Variable von mehr als einer unabhängigen Variablen abhängt, spricht man von einer *mehrfachen* Regression. *Einfachlinear* heißt eine Regression, wenn ein Punkthaufen (x, y) durch eine Gerade ausgeglichen werden kann. Die abhängige Variable sei mit y, die unabhängige oder als unabhängig betrachtete Variable sei mit x bezeichnet. Gesucht wird die Gleichung der „besten" Geraden, durch die der Punkthaufen von N Wertepaaren (x_i, y_i) angenähert werden kann. Sie hat die Gleichung

$$\eta = a + b\,x \tag{37}$$

An der Stelle $x = x_i$ ist $\eta_i = a + b\,x_i$, wobei der gemessene Wert y_i im allgemeinen von dem theoretischen Wert η_i verschieden sein wird. Als „beste" Näherung wird diejenige Gerade angesehen, welche die Summe der Abweichungsquadrate $\mathsf{S}(\eta_i - y_i)^2$ zum Minimum macht.

Die „beste" Gerade, deren Parameter a und b man durch Differentiation findet, verläuft durch den Schwerpunkt des Punkthaufens $(\bar{x}, \bar{y})$ und hat die Neigung

$$b = \frac{\mathsf{S}(x_i - \bar{x})(y_i - \bar{y})}{\mathsf{S}(x_i - \bar{x})^2} \tag{38}$$

Dividiert man die rechte Seite von Gl. (38) im Zähler und Nenner durch die Zahl der Freiheitsgrade $N - 1$, so stellt der Nenner die Varianz der x_i-Werte dar, die numerisch (mit Maschinen) zweckmäßig in der Form

$$(N-1)\,s_x^2 = \mathsf{S}\,x_i^2 - (\mathsf{S}\,x_i)^2/N \tag{38a}$$

berechnet wird. Der Zähler heißt die „Kovarianz", die mit s_{xy} bezeichnet und numerisch aus Gl. (38b)

$$(N-1)\,s_{xy} = \mathsf{S}\,x_i\,y_1 - (\mathsf{S}\,x_i)\,(\mathsf{S}\,y_i)/N \tag{38b}$$

berechnet wird. Mit den Bezeichnungen der Gl. (38a) und (38b) lautet die Bestimmungsgleichung für den Anstieg der besten Geraden

$$b = \frac{s_{xy}}{s_x^2} \tag{39}$$

Der Anstieg der Regressionsgeraden b, welcher angibt, um wieviel die abhängige Variable η zunimmt, wenn x um den Betrag $\Delta x = 1$ verändert wird, heißt der „*Regressionskoeffizient*".

Der Parameter a der Regressionsgeraden [Gl. (37)] ist geometrisch der Schwellenwert von η_i für $x_i = 0$. Da die beste Regressionsgerade durch den Schwerpunkt ($\bar{x}$, $\bar{y}$) hindurchgeht, lautet die Bestimmungsgleichung für a

$$a = \bar{y} - b\,\bar{x} \tag{40}$$

Bei den bisherigen Betrachtungen wurde angenommen, daß y die abhängige und x die unabhängige Variable sei. Wenn man bei einer Gruppe von Wertepaaren (x_i, y_i) die Abhängigkeit $x \to y$ untersuchen will, so lautet die Gleichung der besten Geraden

$$\xi = a' + b'\,y \tag{41}$$

Sie geht ebenfalls durch den Schwerpunkt ($\bar{x}$, $\bar{y}$) hindurch und hat die Neigung

$$b' = \frac{\mathsf{S}(x_i - \bar{x})(y_i - \bar{y})}{\mathsf{S}(y_i - \bar{y})^2} = \frac{s_{xy}}{s_y^2} \tag{42}$$

Der Schwellenwert auf der x-Achse ist

$$a' = \bar{x} - b\,\bar{y} \tag{43}$$

Die beiden, durch die Gl. (37) und (41) definierten Geraden, die sich im Schwerpunkt ($\bar{x}$, $\bar{y}$) schneiden, bilden einen mehr oder weniger spitzen Winkel miteinander, den man als „*Regressionsschere*" bezeichnet. Der Öffnungswinkel gibt ein Bild von der Strammheit des stochastischen Zusammenhanges zwischen den Variablen x und y. Der Öffnungswinkel der Regressionsschere ist um so größer, je undeutlicher die Tendenz im Punkthaufen ist.

Zahlenbeispiel: Einfache lineare Regression zwischen Querzugfestigkeit und Rohdichte (19-mm-Platten). *Aufgabe.* Ein Spanplattenwerk stellt 19 mm dicke Spanplatten her, deren Querzugfestigkeit im Gesamtmittel bei 3,7 kp/cm² gehalten wird. Das Gesamtmittel der Rohdichte liegt bei 542 kg/m³. Um wieviel muß die Rohdichte erhöht werden, wenn das Gesamtmittel der Querzugfestigkeit um 0,5 auf 4,2 kp/cm² heraufgesetzt werden soll?

Aus der in Frage kommenden Grundgesamtheit wurden 10 Platten zufällig ausgewählt. Jeder der 10 Platten wurden 20 Querzugproben entnommen, an denen vor dem Einleimen in die Joche durch Messung und Wägung die Rohdichte bestimmt wurde. Die 20 Messungen wurden gemittelt, so daß 10 Wertepaare (aus 10 Platten) verglichen werden können. Die in Abb. 22 graphisch dargestellten Meßergebnisse deuten eine Regression der Querzugfestigkeit mit zunehmender Rohdichte an.

Rechengang. Die drei Varianzen s_x^2, s_y^2 und s_{xy} ändern sich nicht, wenn alle Einzelwerte innerhalb der Paare um den gleichen Betrag vermindert werden. Um die Laufzeit der Rechenmaschine abzukürzen, wird daher von den y-Werten ein konstanter Betrag $\Delta y = 3{,}00$ und von den x-Werten ein Betrag $\Delta x = 500$ abgezogen und in das Rechenschema von Tab. 20 übertragen.

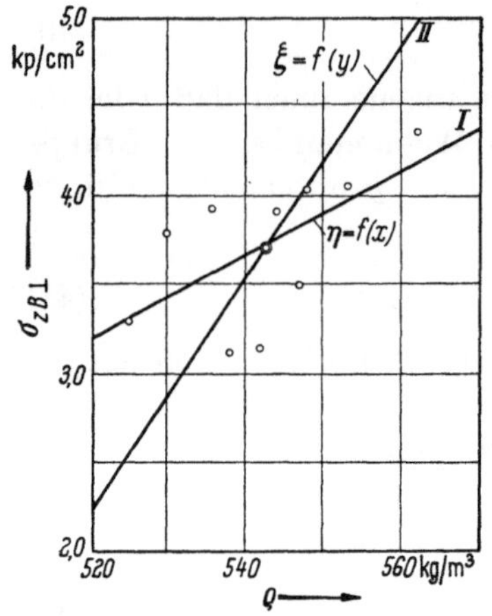

Abb. 22. Regression $\sigma_{zB} \to \varrho$

Tabelle 19. *Meßergebnisse*

Plattennummer	Meßergebnisse $\sigma_{zB}\perp$ kp/cm²	ϱ kg/m³
1	3,90	544
2	4,36	562
3	4,03	548
4	3,93	536
5	3,49	547
6	3,15	542
7	3,12	538
8	3,29	525
9	4,04	553
10	3,80	530
Summe	37,11	5425
	$\bar{y} = 3{,}711$	$\bar{x} = 542{,}5$

Das Schema in Tab. 20 ist zum Nachrechnen bestimmt. Da nur die Quadratsummen gebraucht werden, speichert man die Einzelwertquadrate ohne Aufzeichnungen in der Maschine und notiert nur die stark umrandeten Werte.

Tabelle 20. *Berechnung der Quadratsummen*

Plattennummer	y_i	x_i	y_i^2	x_i^2	$x_i y_i$
1	0,90	44	0,8100	1936	39,60
2	1,36	62	1,8496	3844	84,32
3	1,03	48	1,0609	2304	49,44
4	0,93	36	0,8649	1296	33,48
5	0,49	47	0,2401	2209	23,03
6	0,15	42	0,0225	1764	6,30
7	0,12	38	0,0144	1444	4,56
8	0,29	25	0,0841	625	7,25
9	1,04	53	1,0816	2809	55,12
10	0,80	30	0,6400	900	24,00
S ↓	7,11	425	6,6681	19131	327,10

Varianzen und Kovarianz

$(N-1)\cdot s_y^2 = 6{,}6681 - (7{,}11)^2/10 = 1{,}613 \qquad s_y^2 = 0{,}1792$

$(N-1)\cdot s_x^2 = 19131 - (425)^2/10 = 1068 \qquad s_x^2 = 118{,}67$

$(N-1)\cdot s_{xy} = 327{,}10 - 7{,}11\cdot 425/10 = 24{,}92 \qquad s_{xy} = 2{,}769\cdot$

Regressionskoeffizienten

$$b = \frac{s_{xy}}{s_x^2} = \frac{2,769}{118,7} = 0,0233 \qquad b' = \frac{s_{xy}}{s_y^2} = 15,45$$

Schwellenwerte

$$a = \bar{y} - b\,\bar{x} = -8,93 \qquad a' = \bar{x} - b'\,\bar{y} = 485,2$$

Regressionsgleichungen

$$\eta = -\;\; 8,93 + 0,0233\,x \quad \text{(I)}$$
$$\xi = +\,485,20 + \;15,45\,y \quad \text{(II)}$$

Die beiden Geraden, die man auch als I. und II. Regressionsgerade bezeichnet, sind in Abb. 22 eingetragen. Sie bilden einen beträchtlichen Winkel miteinander, was darauf hindeutet, daß die Regression zwischen der Querzugfestigkeit und der Rohdichte nicht sehr stramm ist. Um die Strammheit einer Regression zu beurteilen, berechnet man das „*Bestimmtheitsmaß*“ oder den „*Korrelationskoeffizienten*“.

Der Öffnungswinkel der Regressionsschere läßt sich als statistische Maßzahl für die Straffheit eines Zusammenhanges *nicht* verwenden, weil er mit den für Ordinaten und Abszissen benutzten Maßstäben behaftet ist. Man berechnet daher den Anteil an der Varianz der y_i-Werte, der aus der Regression herrührt und setzt diesen ins Verhältnis zur gesamten Varianz. Die Definition für das „Bestimmtheitsmaß“ lautet also

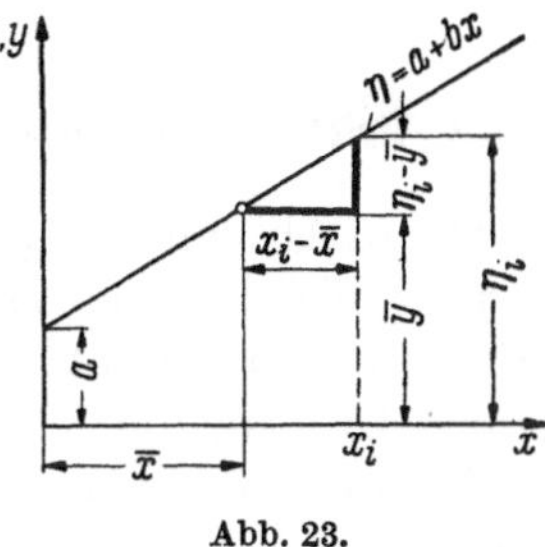

Abb. 23.

$$B = \frac{\frac{1}{N-1}\,\mathsf{S}\,(\eta_i - \bar{y})^2}{\frac{1}{N-1}\,\mathsf{S}\,(y_i - \bar{y})^2} \qquad (44)$$

Aus Abb. 23 folgt $\frac{\eta_i - \bar{y}}{x_i - \bar{x}} = b$ und daraus $(\eta_i - \bar{y})^2 = b^2\,(x_i - \bar{x})^2$.

Wir erhalten also

$$B = \frac{b^2\,\mathsf{S}\,(x_i - \bar{x})^2}{\mathsf{S}\,(y_i - \bar{y})^2}$$

Nach Gl. (39) ist $b^2 = \frac{s_{xy}^2}{s_x^4}$

$$B = \frac{s_{xy}^2\,s_x^2}{s_x^4\,s_y^2} = \frac{s_{xy}^2}{s_x^2\,s_y^2} \qquad (45)$$

Für das Zahlenbeispiel (Tab. 19 auf S. 82) findet man

$$B = \frac{7,667}{118,67 \cdot 0,179} = \frac{7,667}{21,24} = 0,36$$

Die Bestimmtheit des Zusammenhanges zwischen der Querzugfestigkeit und der Rohdichte beträgt $B = 0{,}36$. Das bedeutet, daß nur 36% der Varianz von y (Querzugfestigkeit) aus der Regression der Rohdichte herrührt. Die *Unbestimmtheit* $1 - B = 0{,}64$ beruht auf zufälligen Schwankungen.

Das Bestimmtheitsmaß B kann Werte zwischen 0 und + 1 annehmen, wobei der Wert 1 erreicht wird, wenn alle Meßpunkte exakt auf einer Geraden liegen. $B = 0$ bedeutet, daß die beiden Variablen voneinander völlig unabhängig sind.

Der Wurzelwert $r = \sqrt{B}$ heißt „*Korrelationskoeffizient*" und ist definiert durch

$$r_{xy} = \frac{s_{xy}}{s_x s_y} \tag{46}$$

Da die Kovarianz s_{xy} positiv oder negativ sein kann, liegen alle Zahlenwerte des Korrelationskoeffizienten zwischen -1 und $+1$. Negative Zahlenwerte von r_{xy} besagen, daß eine negative Regression vorliegt, daß also die abhängige Variable abnimmt, wenn die unabhängige zunimmt. Zwischen dem Korrelationskoeffizienten und dem Regressionskoeffizienten besteht die Beziehung

$$r_{xy} = b \frac{s_y}{s_x} \tag{47}$$

3.2. Prüfen von Bestimmtheitsmaßen und Korrelationskoeffizienten

Der in Abschn. 3.1 beschriebene Rechengang wird fast immer Zahlenwerte ergeben, die nur zufällig einmal genau gleich 0 sind. Nun sind aber Regressionskoeffizient, Schwellenwert und Bestimmtheitsmaß stochastische Größen, die bestimmten Verteilungsgesetzen gehorchen und in bestimmten Grenzen schwanken. Ein beim Auswerten von Versuchen berechneter Zahlenwert für B kann zufällig von 0 verschieden sein, obwohl eine Regression nicht existiert. Die Entscheidung darüber wird mit Hilfe eines *Existenztests* getroffen. Man bildet die

$$\textit{Prüfgröße:}\quad F = \frac{B}{1 - B}(N - 2) \tag{48}$$

und vergleicht sie mit den Schranken der F-Verteilung für $n_1 = 1$ und $n_2 = N - 2$ (N = Zahl der Wertepaare). Die Entscheidung lautet:

Prüfgröße $< F_{95}$	Regression nicht gesichert.
$F_{95} <$ Prüfgröße $< F_{99}$	Keine Entscheidung, Zahl der Wertepaare vergrößern!
Prüfgröße $> F_{99}$	Regression gesichert.

Für das Zahlenbeispiel in Tab. 19 (S. 82), das aus $N = 10$ Wertepaaren besteht, lauten die Schranken der F-Verteilung ($n_1 = 1$ und $n_2 = 8$)

$$F_{95} = 5{,}32 \quad \text{und} \quad F_{99} = 11{,}26$$

Nach Gl. (48) beträgt die Prüfgröße

$$F = \frac{0{,}36}{0{,}64} \cdot 8 = 4{,}50$$

Sie ist kleiner als F_{95}, so daß die zwischen der Querzugfestigkeit und der Rohdichte berechnete Regression auch aus zufälligen Schwankungen des Regressionskoeffizienten erklärbar und daher *ungesichert* ist.
Da $r = \sqrt{B}$ und $t = \sqrt{F}$ (für $n_1 = 1$) ist, lautet die analoge Prüfgröße für den Korrelationskoeffizienten

$$t = \frac{r}{\sqrt{1 - r^2}} \sqrt{N - 2} \tag{49}$$

Löst man Gl. (48) nach B auf, so erhält man

$$B = \frac{F}{F + N - 2} \tag{50}$$

Setzt man in Gl. (50) die dem Freiheitsgrad $N - 2$ zugeordneten Schranken F_{95} und F_{99} ein, so erhält man Schrankenwerte für die Be-

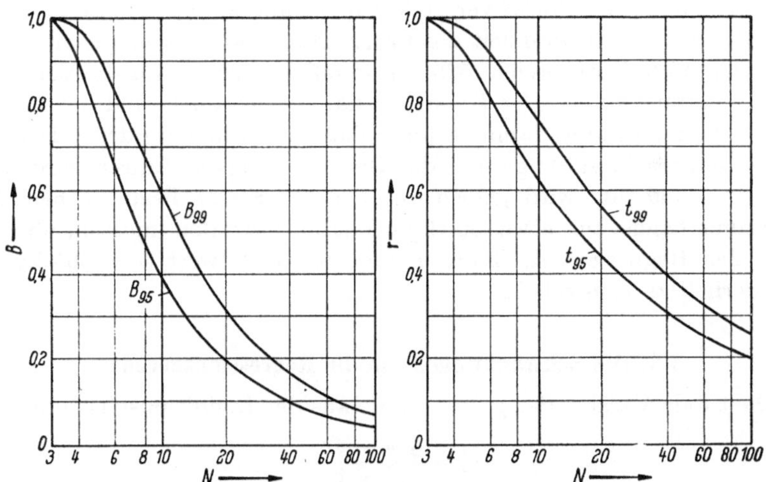

Abb. 24. Schranken für Bestimmtheitsmaß B und Korrelationskoeffizienten r in Abhängigkeit von der Zahl der Wertepaare N

stimmtheit in Abhängigkeit von der Zahl der Wertepaare. Abb. 24 zeigt den Zusammenhang zwischen B bzw. r und N in Form von Diagrammen, die zu einer schnellen Abschätzung der Existenz oder Nichtexistenz von Regressionen ohne Rechnung geeignet sind.

In dem Zahlenbeispiel der Tab. 19 wurde eine ungesicherte Regression mit der Bestimmtheit $B = 0{,}36$ gefunden. Dies Ergebnis besagt zunächst nur, daß die Existenz der Regression durch den *vorliegenden Versuch* mit $N = 10$ Wertepaaren noch nicht bewiesen ist. Es besagt keinesfalls, daß eine Regression überhaupt nicht bestehen *kann*. Bildet man aus den 20 Messungen, die an jeder Platte ausgeführt wurden, zwei Gruppen von je 10 Messungen, so kann man die Regression für insgesamt 20 Wertepaare berechnen. Die Kontrollrechnung ergab eine Bestimmtheit von $B = 0{,}37$ und führt zu einem Zusammenhang, der etwa die gleiche Strammheit besitzt, wie der Zusammenhang zwischen den Mittelwerten ganzer Platten. Im vorliegenden Fall kann man also damit rechnen, daß eine Regression tatsächlich vorhanden ist, daß sie aber nur eine Bestimmtheit von 36% hat. Bevor man Schlußfolgerungen aus den berechneten Maßzahlen der Regression zieht, ist es zweckmäßig, das Versuchsergebnis in ein Koordinatensystem mit dem Koordinatenursprung 0 einzutragen (Abb. 25). Der schraffierte Ausschnitt stellt das in Abb. 22 vergrößert bezeichnete Regressionsdiagramm dar. Die geringe Strammheit des Ergebnisses erklärt sich aus dem sehr schmalen Rohdichtebereich ($525 < \varrho < 562$ kg/m³) der für die Versuche zur Verfügung stand. Der Hersteller kann zwar auf Grund der vorliegenden Untersuchung damit rechnen, daß eine Erhöhung der Rohdichte zu der gewünschten Steigerung der Querzugfestigkeit führen wird. Die mittlere Rohdichte wird jedoch wegen der geringen Bestimmtheit des Zusammenhangs auf etwa 600 kg/m³ erhöht werden müssen, obwohl nach der Regressionsgleichung I nur ein Mittelwert $\bar{\varrho} = 565$ kg/m³ erforderlich zu sein scheint.

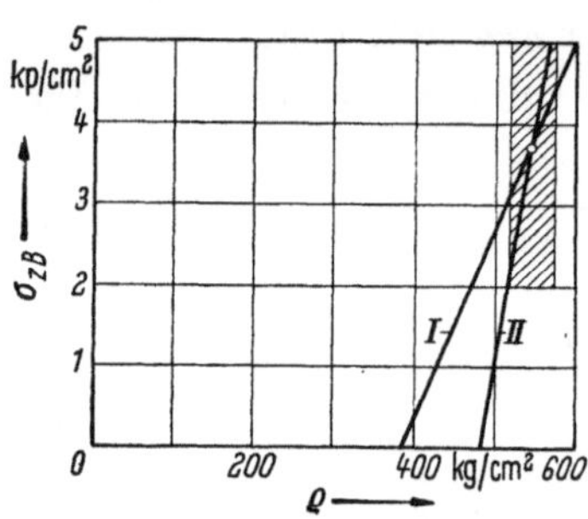

Abb. 25. Regression $\sigma_{zB} \rightarrow \varrho$

3.3. Die Schwankungen um die Regressionsgerade

Die totale Varianz der y_i-Werte, die aus der Definitionsgleichung

$$s_y^2 = \frac{\mathsf{S}(y_i - \bar{y})^2}{N - 1} \tag{51}$$

berechnet wird, besteht aus zwei Komponenten, und zwar aus einem Anteil infolge der Regression und einem Rest, der die Schwankungen der Meßwerte um diese Regressionsgerade mißt. Die Varianz um die Regressionsgerade ist definiert durch

$$s_r^2 = (1 - B)\,\frac{\mathsf{S}(y_i - \bar{y})^2}{N - 2} \tag{52}$$

wobei B das Bestimmtheitsmaß ist. Da $\mathsf{S}(y_i - \bar{y})^2 = (N-1) \cdot s_y^2$ ist, erhält man für s_r^2

$$s_r^2 = (1 - B)\, s_y^2 \frac{N-1}{N-2} \tag{53}$$

Für das Zahlenbeispiel Tab. 19 (S. 82), das den Zusammenhang zwischen der Querzugfestigkeit und der Rohdichte behandelt, findet man

$$s_r^2 = 0{,}64 \cdot 0{,}18 \frac{9}{8}$$

$$s_r^2 = 0{,}13\ (\text{kp/cm}^2)^2$$

Wenn die Messungen um die Regressionsgerade normal verteilt sind, können mit Hilfe der Standardabweichung s_r Warn- und Kontrollgrenzen berechnet werden. Man zeichnet in das Regressionsdiagramm Parallelen zur Regressionsgeraden ein, deren vertikale Abstände $\pm 2\,s_r$ und $\pm 3\,s_r$ betragen.

3.4. Die Schwankungen von Regressionskoeffizienten

Wenn der in Tab. 19 (S. 82) beschriebene Versuch mehrmals wiederholt wird, d.h. also, wenn der gleichen Grundgesamtheit wiederholt Stichproben vom Umfang N entnommen werden, so erhält man verschiedene Zahlenwerte für den Regressionskoeffizienten b. Der Regressionskoeffizient ist eine stochastische Größe, die um den Mittelwert $\bar{b}$ mit der Varianz s_b^2 normal verteilt ist. Die Varianz ist

$$s_b^2 = \frac{s_r^2}{(N-1)\, s_x^2} \tag{54}$$

Setzt man für s_r^2 die Gl. (53) ein, so erhält man

$$s_b^2 = \frac{(1 - B)}{N-2} \frac{s_y^2}{s_x^2} \tag{55}$$

Der aus einem einzigen Versuch ermittelte Regressionskoeffizient b kann von dem wahren Mittelwert $\bar{b}$ um den Betrag $\bar{b} \pm t s_b$ abweichen, verdient also nur in diesem Bereich Vertrauen, wobei der Sicherheitsfaktor t mit $N - 2$ Freiheitsgraden verknüpft ist. Das Niveau der statistischen Sicherheit, das für t zu wählen ist, hängt von der Bedeutung ab, die einer Entscheidung im Einzelfall zukommt.

In dem Zahlenbeispiel Tab. 19 (S. 82) ging es um die Entscheidung, ob ein Spanplattenwerk damit rechnen kann, daß die Querzugfestigkeit der Spanplatten durch eine Rohdichteerhöhung von 3,7 kp/cm² auf ein gewünschtes Niveau von 4,2 kp/cm² heraufgesetzt werden kann. Die aus 10 Wertepaaren berechnete Regression hatte aber nur eine Bestimmtheit $B = 0{,}36$ ergeben. Es liegen auch keine Anzeichen dafür vor, daß sich der Zusammenhang zwischen Rohdichte und Querzugfestigkeit bei vergrößertem Stichprobenumfang als strammer erweisen wird. In diesem Fall ist es ratsam, den Schwankungsbereich für den Regressionskoeffizienten mit Hilfe der Gl. (55) nachzuprüfen. Mit den auf S. 82 angegebenen Zahlenwerten findet man

$$s_b^2 = \frac{0{,}64}{8} \, \frac{0{,}179}{118{,}7} = 0{,}0001206$$

$$s_b = 0{,}011$$

Der wahre Regressionskoeffizient $\bar{b}$ kann im Bereich $b \pm t s_b$ erwartet werden. Nach Tab. I (Anhang) ist bei $S = 95\%$ für t der Faktor 2,31 zu setzen.

$$b \pm t s_b = 0{,}0233 \pm 0{,}0254 = -0{,}0021 \cdots 0{,}0487$$

Innerhalb dieses Bereiches liegt also auch der Wert $b = 0$, was bereits durch den Existenztest nach Gl. (48) festgestellt wurde. Es bleibt daher ungewiß, ob die Querzugfestigkeit durch eine Rohdichteerhöhung vergrößert werden kann. Hierzu müßte die Stichprobe erweitert werden.

3.5. Lineare Regression zwischen drei Variablen. Mehrfache (multiple) Regression

(Zahlenbeispiel: *Zusammenhänge zwischen Schraubenausziehkraft, Querzug- und Spaltfestigkeit*)

Das in Abschn. 3.1 beschriebene Rechenverfahren behandelte die lineare Regression zwischen zwei Variablen, von denen die eine (y) als abhängig und die andere (x) als unabhängig, d.h. innerhalb bestimmter Grenzen frei wählbar betrachtet wird. Im folgenden soll das Rechenverfahren für den Fall dargestellt werden, daß eine Variable (z) von zwei Variablen (y und x) abhängt, wobei sowohl für die partielle Abhängigkeit $z \to y$ wie für $z \to x$ lineare Zusammenhänge angenommen werden. Der dreidimensionale Punkthaufen

$$z \to y, x$$

soll dabei durch eine Regressionsgerade mit der Gleichung

$$\zeta = a + b_1 y + b_2 x \tag{56}$$

ausgeglichen werden. Die beiden Regressionskoeffizienten b_1 und b_2 werden wiederum so bestimmt, daß die Summe aller Abweichungsquadrate $(\zeta_i - z_i)^2$ zum Minimum wird. Der Rechengang wird an einem

Zahlenbeispiel erörtert, das aus Untersuchungen über verschiedene Prüfverfahren entnommen ist. Es behandelt den Zusammenhang zwischen der Ausziehkraft von Holzschrauben, der Querzugfestigkeit und der Spaltfestigkeit.

Aufgabe. Für die Verwendung von Spanplatten im Möbelbau ist die Tragfähigkeit von Holzschrauben wichtig, die zum Befestigen von Beschlägen, Klavierbändern usw. parallel zur Plattenoberfläche seitlich in die Kanten eingedreht werden. Die Tragfähigkeit von Holzschrauben läßt sich prüfen, indem definierte Holzschrauben (z. B. nach DIN 96 oder DIN 97) unter definierten Bedingungen (Durchmesser des Bohrloches, Einschraubtiefe) in die Kanten eingedreht und anschließend mit einer Festigkeitsmaschine ausgezogen werden. Man mißt also die *Ausziehkraft.* Bei der Vorbereitung der Gütebedingungen für Spanplatten (DIN 68761) entstand wegen der Bedeutung des Ausziehwiderstandes von Schrauben die Frage, ob ein entsprechendes Prüfverfahren geschaffen werden muß. Es wurde vermutet, daß die Ausziehkraft linear von der Querzugfestigkeit der Platten abhängen müsse, daß aber beide mit der Spaltfestigkeit der Platten korreliert sein können. Um diese Zusammenhänge kennenzulernen, wurden aus einer größeren Zahl von Spanplatten Proben für alle drei Eigenschaften entnommen. Die Regressionsrechnung soll darüber Auskunft geben, ob weitere Prüfverfahren notwendig sind, oder ob mit der Querzugfestigkeit allein auszukommen ist.

Versuchsplan. Versuche über korrelative Zusammenhänge sind um so erfolgversprechender, je größer die Spannweite der unabhängigen Variablen ist. Einer der Gründe, die zu dem unbefriedigenden Ergebnis des in Tab. 19 (S. 82) beschriebenen Versuches geführt haben, liegt darin, daß für die Rohdichte ein zu schmaler Bereich ($525 \cdots 565$ kg/m^3) zur Verfügung stand. Um eine hinreichend große Variabilität zu erreichen, wurden für die Vergleichsversuche 16 verschiedene Industrieerzeugnisse ausgewählt. Ihre Dicke betrug jedoch gleichbleibend 19 mm. Die Probeplatten stammten von 12 verschiedenen Herstellern. Sie umfaßten unterschiedliche Rohdichten, verschiedene Holzarten, vier Arten von Maschinenanlagen sowie ein-, drei- und vielschichtige Platten. Durch diese Auswahl der Erzeugnisse wurde die Variabilität fast aller am Markt befindlichen Plattentypen erfaßt.

Aus jedem der 16 Erzeugnisse wurden 10 Platten zufällig ausgewählt und mit je 10 Proben auf Ausziehkraft, Querzugfestigkeit und Spaltfestigkeit geprüft. Die *Ausziehproben* bestanden aus 50 mm breiten und 100 mm langen Streifen. In die Mitte der Schmalseiten wurde eine Holzschraube 4×40 DIN 97 bis zum Beginn des blanken Schaftes eingedreht. Die Proben wurden an der unteren schmalen Kante in die Spannbacken geklemmt und die Schrauben mit einem Zangenwerkzeug herausgezogen. Das Format der *Querzugproben* betrug 25 × 25 mm. Sie waren sehr genau zugeschnitten, so daß als Versuchsergebnis nur die Bruchlast angegeben zu werden brauchte. Auf die Division durch die Trennfläche konnte verzichtet werden. Die *Spaltproben* waren 25 mm breit und 60 mm lang. Sie wurden hochkant in den Druckteil einer Festigkeitsmaschine gestellt und von oben her mit einem Spaltkeil (90° Keilwinkel) gespalten. Die Schneide des Spaltkeils, der vor jedem Versuch gefettet wurde, um Reibungseinflüsse auszuschalten, wurde parallel zur Plattenoberfläche in der Mitte der Schmalseite zentriert und dann in die Proben eingetrieben. Gemessen wurde die Spaltkraft in kp.

Tabelle 21. *Meßergebnisse (Mittelwerte) der drei Variablen. N = 16 Wertepaare*

Produkt	Auszieh-kraft kp	Spaltkraft kp	Querzugkraft kp
	z	y	x
1	156,0	42,8	74,8
2	89,4	38,7	50,9
3	81,2	19,5	44,3
4	89,2	24,1	39,3
5	84,1	15,7	41,4
6	116,9	22,3	59,5
7	123,6	41,8	73,8
8	76,7	21,0	45,4
9	181,3	54,4	128,4
10	77,2	20,5	47,3
11	106,1	34,3	88,6
12	116,9	42,8	74,7
13	173,3	62,5	122,6
14	142,0	39,7	82,7
15	127,3	26,9	56,9
16	60,3	12,6	35,0
Summen	1801,5	519,6	1065,6

Die Mittelwerte aus je 100 Messungen, die für jedes der 16 Industrieerzeugnisse ausgeführt wurden, ergeben somit $N = 16$ Wertepaare (z_i, y_i, x_i).

Rechengang

Mittelwerte

$$\bar{z} = 112{,}5 \text{ (kp)} \qquad \bar{y} = 32{,}5 \text{ (kp)} \qquad \bar{x} = 66{,}6 \text{ (kp)}$$

Varianzen (Freiheitsgrade $N - 1 = 15$)

$$\mathsf{S} z_i^2 = 222\,567{,}33 \qquad (\mathsf{S} z_i)^2/N = 202\,837{,}64 \qquad s_z^2 = 1315{,}31$$
$$\mathsf{S} y_i^2 = 19\,975{,}26 \qquad (\mathsf{S} y_i)^2/N = 16\,874{,}01 \qquad s_y^2 = 206{,}75$$
$$\mathsf{S} x_i^2 = 82\,941{,}20 \qquad (\mathsf{S} x_i)^2/N = 70\,987{,}96 \qquad s_x^2 = 798{,}15$$

Kovarianzen

$$\mathsf{S} z_i y_i = 65314{,}79 \qquad \mathsf{S} z_i \mathsf{S} y_i/N = 58503{,}71 \qquad s_{zy} = 454{,}17$$
$$\mathsf{S} z_i x_i = 133770{,}35 \qquad \mathsf{S} z_i \mathsf{S} x_i/N = 119979{,}90 \qquad s_{zx} = 919{,}36$$
$$\mathsf{S} x_i y_i = 40105{,}37 \qquad \mathsf{S} x_i \mathsf{S} y_i/N = 34605{,}36 \qquad s_{xy} = 366{,}67$$

Regressionen zwischen je 2 Variablen

Regressionskoeffizienten

$$b_{zy} = \frac{s_{zy}}{s_y^2} \qquad b_{zx} = \frac{s_{zx}}{s_x^2} \qquad b_{xy} = \frac{s_{xy}}{s_y^2}$$

$$b_{zy} = 2{,}20 \qquad b_{zx} = 1{,}15 \qquad b_{xy} = 1{,}77$$

Schwellenwerte

$$a_{zy} = 41{,}0 \qquad a_{zx} = 35{,}0 \qquad a_{xy} = 9{,}1$$

Bestimmtheiten

$$B_{zy} = 0{,}758 \qquad B_{zx} = 0{,}805 \qquad B_{xy} = 0{,}815$$

Korrelationskoeffizienten

$$r_{zy} = 0{,}870 \qquad r_{zx} = 0{,}897 \qquad r_{xy} = 0{,}902$$

Regressionsgleichungen

$$z \to y \qquad \zeta' = a_{zx} + b_{zy} y = 41{,}0 + 2{,}20\, y$$
$$z \to x \qquad \zeta'' = a_{zy} + b_{zx} x = 35{,}0 + 1{,}15\, x$$
$$x \to y \qquad \xi = a_{xy} + b_{xy} y = 9{,}1 + 1{,}77\, y$$

Zwischen je zwei der Variablen bestehen stramme, gesicherte Regressionen mit der Bestimmtheit 0,76···0,82, wobei der Zusammenhang zwischen Querzug- und Spaltkraft ($x \to y$) der straffste ist. Berechnet man für den Regressionskoeffizienten b_{xy} die Varianz s_b^2 nach Gl. (55), so findet man

$$s_b = 0{,}058$$

Für die statistische Sicherheit $S = 99\%$ und 14 Freiheitsgrade ($t = 2{,}98$) erhält man einen Schwankungsbereich $b_{xy} \pm t s_b = 1{,}60 \cdots 1{,}94$. Der zugehörige Schwellenwert auf der x-Achse kann im Bereich $3{,}6 < a_{xy} < 14{,}6$ erwartet werden.

Berechnung der zweifach linearen Regression $z \to y, x$. Die partiellen Zusammenhänge $z \to y$ und $z \to x$ sind in Abb. 26 graphisch dargestellt. Um den Einfluß von x und y bei gleichzeitiger Einwirkung abzuschätzen, wird der dreidimensionale Punkthaufen $z \to y, x$ durch die Gerade

$$\zeta = a + b_1 \quad y + b_2 \cdot x \tag{56}$$

ausgeglichen. Die beste Gerade, die man nach der Methode der „kleinsten Quadrate" findet, hat die Parameter

$$b_1 = \frac{s_x^2\, s_{zy} - s_{xy}\, s_{zx}}{s_x^2\, s_y^2 - s_{xy}^2} \tag{57}$$

$$b_2 = \frac{s_y^2\, s_{zx} - s_{xy}\, s_{zy}}{s_x^2\, s_y^2 - s_{xy}^2} \tag{58}$$

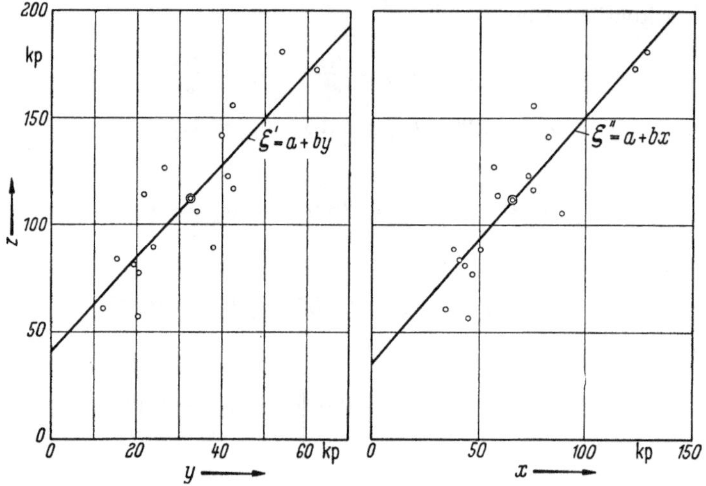

Abb. 26. Zusammenhänge zwischen Ausziehkraft (z), Spaltkraft (y) und Querzugkraft (x)

Setzt man die auf S. 90, 91 angegebenen Zahlenwerte für die Varianzen und Kovarianzen ein, so erhält man

$$b_1 = 0{,}828 \quad \text{und} \quad b_2 = 0{,}771$$

und somit die Regressionsgleichung

$$\zeta = 41{,}2 + 0{,}828\, y + 0{,}771\, x$$

deren Schwellenwert aus

$$a = \bar{z} - 0{,}828\, \bar{y} - 0{,}771\, \bar{x} = 41{,}2$$

gefunden wird.

Die mehrfache (multiple) Bestimmtheit des durch Gl. (56) gegebenen Zusammenhanges ist definiert durch

$$B = \frac{b_1\, s_{zy} + b_2\, s_{zx}}{s_z^2} \tag{59}$$

Sie beträgt für das vorstehende Zahlenbeispiel $B = 0{,}825$ und ist etwas größer als die Bestimmtheiten, die bei getrennter Betrachtung der Zusammenhänge $z \to y$ und $z \to x$ mit 0,758 bzw. 0,805 gefunden werden.

Die Analyse der Regression $z \to y,\ x$ ergab sich aus der Aufgabenstellung. Es war zu entscheiden, ob die vom Standpunkt des Verbrauchers wichtige Ausziehkraft von Holzschrauben als Beurteilungsmerkmal *neben* der Querzugfestigkeit in DIN 68761 aufgenommen und ob ein entsprechendes Prüfverfahren in die Normenreihe DIN 52360ff. eingegliedert werden muß. Die Notwendigkeit dazu entfällt, wenn die Vermutung zutrifft, daß zwischen Ausziehkraft und Querzugfestigkeit hinreichend stramme Regressionen existieren. Neben der Querzugfestigkeit wurde die Spaltfestigkeit als mögliche Einflußgröße angesehen. Für die zweifach lineare Regression $z \to y,\ x$ wurde eine Bestimmtheit $B = 0{,}825$ und für die einfachen Regressionen zwischen je 2 der betrachteten Variablen eine Bestimmtheit der Größenordnung $B = 0{,}8$ gefunden. Aus diesen Ergebnissen folgt, daß die Ausziehkraft neben der Querzugfestigkeit nicht überwacht zu werden braucht und daß für ein spezielles Prüfverfahren kein Bedarf besteht.

Aus der Beobachtung, daß auch zwischen den Einflußgrößen y (Spaltfestigkeit) und x (Querzugfestigkeit) eine stramme Abhängigkeit besteht, muß gefolgert werden, daß alle drei Variablen entweder die gleiche Platteneigenschaft messen, z.B. die Gefügefestigkeit der Mittelschicht, oder daß alle drei von einer vierten, noch unbekannten Variablen abhängen. Aus diesem Grund ist es zulässig und sinnvoll, die Variablen zu vertauschen und die Regressionen $y \to x,\ z$ und $x \to z,\ y$ zu untersuchen, um weitere Aufschlüsse über ihre Bedeutung zu erhalten, Das Vertauschen von Variablen ist aber nicht immer möglich. Wenn die Aufgabe beispielsweise darin besteht, den Einfluß eines Zusatzes von Flammschutzmitteln auf die Eigenschaften von Spanplatten zu untersuchen, wäre die Umkehr der Frage (Einfluß der Festigkeit auf den Flammschutzmittelzusatz) sinnlos.

Im vorliegenden Fall können jedoch alle drei Regressionsgleichungen aufgestellt werden. Man erhält dann für

$$\left.\begin{array}{lll} \text{Ausziehkraft} & z \to y,\ x & \zeta = a + b_1 \cdot y + b_2 \cdot x \\ \text{Spaltkraft} & y \to x,\ z & \eta = a' + b_1' \cdot x + b_2' \cdot z \\ \text{Querzugkraft} & x \to z,\ y & \xi = a'' + b_1'' \cdot z + b_2'' \cdot y \end{array}\right\} \qquad (60)$$

Die Regressionskoeffizienten b_1', b_2', b_1'' und b_2'' werden nach Gl. (57, 58) berechnet, in dem die Indizes zyklisch vertauscht werden. Man erhält dann die Gleichungen

$$b_1' = \frac{s_z^2\, s_{yx} - s_{zx}\, s_{yz}}{s_x^2\, s_z^2 - s_{zx}^2} \qquad b_1'' = \frac{s_y^2\, s_{xz} - s_{yz}\, s_{xy}}{s_z^2\, s_y^2 - s_{yz}^2}$$

$$b_2' = \frac{s_x^2\, s_{yz} - s_{zx}\, s_{yx}}{s_x^2\, s_z^2 - s_{zx}^2} \qquad b_2'' = \frac{s_z^2\, s_{xy} - s_{yz}\, s_{xz}}{s_z^2\, s_y^2 - s_{yz}^2}$$

In gleicher Weise findet man die mehrfachen *Bestimmtheiten*

$$B' = \frac{b_1' s_{xy} + b_2' s_{zy}}{s_y^2} \qquad B'' = \frac{b_1'' s_{zx} + b_2'' s_{yx}}{s_x^2}$$

Das Ergebnis der numerischen Berechnung aller drei Regressionen lautet

Regression	b_1	b_2	B
$z \to y, x$	0,828	0,771	0,825
$y \to x, z$	0,317	0,124	0,834
$x \to z, y$	0,395	0,986	0,866

Die drei Regressionen haben verschiedene Bestimmtheiten, wobei der Zusammenhang $x \to z, y$ am strammsten ist. Er mißt den Einfluß von Ausziehkraft und Spaltkraft auf die Querzugfestigkeit. Die Ursache der Unterschiede läßt sich durch „Bereinigung" der multiplen Regressionen feststellen.

3.6. Die „bereinigte" oder Teilregression

Wenn zwei voneinander abhängige stochastische Größen y und x gleichzeitig von einer dritten Größe z abhängen, wird die Regression $y \to x$ durch die Zusammenhänge $y \to z$ und $x \to z$ beeinflußt. Je nach der Art dieser Zusammenhänge wird dadurch die Bestimmtheit der wahren Regression $y \to x$ vergrößert oder verkleinert. Mit dieser Möglichkeit muß bei Versuchen an Holzwerkstoffen immer dann gerechnet werden, wenn die Abhängigkeit von Größen untersucht wird, deren physikalische oder elastomechanische Grundlage unbekannt ist. Wenn die dritte Größe z jedoch in die Versuche mit einbezogen werden kann, so läßt sich ihr Einfluß auf die Regression $y \to x$ ausschalten. Die Bestimmtheit dieser Regression nach Ausschalten von z heißt „*Teilregression*" und wird symbolisch durch die Schreibweise

$$B_{xy|z} \quad \text{und} \quad r_{xy|z}$$

angedeutet. Das Ausschalten von Variablen aus Bestimmtheiten oder Korrelationskoeffizienten wird auch „Bereinigung" genannt. Für die Zusammenhänge zwischen drei gegenseitig voneinander abhängigen Variablen (x, y, z) gelten die Gl. (61), deren Indizes zyklisch vertauscht sind:

$$\begin{aligned} r_{xy|z} &= \frac{r_{xy} - r_{xz} r_{yz}}{\sqrt{(1 - B_{xz})(1 - B_{yz})}} \\ r_{xz|y} &= \frac{r_{xz} - r_{xy} r_{yz}}{\sqrt{(1 - B_{xy})(1 - B_{yz})}} \\ r_{yz|x} &= \frac{r_{yz} - r_{xz} r_{xy}}{\sqrt{(1 - B_{xz})(1 - B_{xy})}} \end{aligned} \tag{61}$$

In dem Versuch Tab. 21 (S. 95) war die Ausziehkraft mit z, die Spaltkraft mit y und die Querzugkraft mit x bezeichnet worden. Setzt man die dort berechneten Maßzahlen für r und B in die Gln. (61) ein, so findet man (siehe nebenstehende Tabelle):

Totale Regression	Bereinigte Regression
$r_{xy} = 0{,}902$	$r_{xy\,\vert\,z} = 0{,}562$
$r_{xz} = 0{,}867$	$r_{xz\,\vert\,y} = 0{,}529$
$r_{yz} = 0{,}870$	$r_{yz\,\vert\,x} = 0{,}322$

Infolge der gegenseitigen Abhängigkeiten ist bei dem vorliegenden Beispiel die Bestimmtheit aller drei Zusammenhänge bei totaler Regression überschätzt worden. Die bereinigten Korrelationskoeffizienten zeigen, daß der wahre Zusammenhang zwischen der Ausziehkraft und der Querzugfestigkeit ($z \to x$) strammer ist als derjenige zwischen Ausziehkraft und Spaltkraft ($z \to y$). Wenn es also im Einzelfall darauf ankommt, die Ausziehwiderstände zu vergrößern, so ist die Querzugfestigkeit ein zuverlässigeres Beurteilungsmerkmal als die Spaltkraft. Die straffste Teilregression wurde zwischen der Querzug- und der Spaltfestigkeit gefunden ($r_{xy\,\vert\,z} = 0{,}562$). Darf daraus geschlossen werden, daß die etwas umständliche Querzugprüfung durch die Spaltprüfung ersetzt werden kann? Das setzt voraus, daß die Bestimmtheit der bereinigten Regression gesichert ist.

Zur *Existenzprüfung* der Bestimmtheitsmaße bei mehrfacher oder Teilregression ist die Prüfgröße

$$F = \frac{n_2}{n_1} \frac{B}{(1 - B)} \tag{62}$$

zu bilden und mit den Schranken der F-Verteilung für die Freiheitsgrade n_1 und n_2 zu vergleichen. Die Zahl der Freiheitsgrade beträgt:

bei zweifacher Regression

$$n_1 = 2$$
$$n_2 = N - 3$$

bei Teilregression nach Ausschaltung einer Variablen

$$n_1 = 2$$
$$n_2 = N - 4$$

Für die Bestimmtheit $B_{xy\,\vert\,z} = 0{,}316$ findet man $F = \frac{12}{2} \cdot \frac{0{,}316}{0{,}684} = 2{,}77$.

Die Schranke F_{95} für $n_1 = 2$ und $n_2 = 12$ beträgt aber 3,89, so daß der Zusammenhang zwischen Querzug- und Spaltfestigkeit nach Ausschalten des Einflusses der Ausziehkraft ungesichert ist. Durch den beschriebenen Versuch ist also trotz seines großen Umfanges nicht bewiesen, daß das Prüfverfahren für die Querzugfestigkeit durch ein Prüfverfahren für die Spaltfestigkeit ersetzbar ist.

3.7. Anmerkungen zum Gebrauch von Regressionsanalysen beim Auswerten von Spanplattenversuchen

Regressionsanalysen sind bei experimentellen Untersuchungen oft das einzige Hilfsmittel für die Beurteilung stochastischer Zusammenhänge. Sie setzen aber voraus, daß alle verfügbaren Existenztests nachgerechnet werden, die zur Prüfung der Analysenergebnisse zur Verfügung stehen. Es ist auch ratsam, jeden korrelativen Zusammenhang, der in den Versuchsergebnissen vermutet wird, graphisch als Punkthaufen zu zeichnen und sich ein Bild davon zu machen, ob und gegebenenfalls in welchem Bereich ein Ausgleich durch eine Gerade vertretbar erscheint. Wenn die vermutete Regressionslinie eine stetige gekrümmte Kurve ist, läßt sie sich in einigen Fällen in eine Gerade transformieren. Exponentielle Zusammenhänge gehen in lineare Zusammenhänge über, wenn man die Variablen durch ihre Logarithmen ersetzt. Hyperbolische Zusammenhänge werden transformiert, indem man die reziproken Werte $1/y$ an Stelle von y als Variable verwendet.

Die numerische Berechnung von Regressionen wird fast immer für die Regressionskoeffizienten Zahlenwerte liefern, die von 0 abweichen. Ob die Abweichung jedoch überzufällig ist, entscheiden die Existenztests. Die Strammheit von Regressionen wird meist durch den Korrelationskoeffizienten gemessen. Für das numerische Rechnen mit Maschinen ist es jedoch zweckmäßig, die Bestimmtheitsmaße zu verwenden, weil dazu keine Wurzeln gezogen zu werden brauchen und weil sie unmittelbar angeben, wie groß der aus den Regressionen stammende Anteil an den Schwankungen innerhalb eines Punkthaufens ist. Die Bestimmtheit ist daher ein anschaulicheres Strammheitsmaß als ihr Wurzelwert, der Korrelationskoeffizient.

Der Aussagewert von Regressionsgleichungen hängt weitgehend davon ab, ob für die unabhängigenVariablen hinreichende Spannweiten zur Verfügung stehen. Das Zahlenbeispiel in Tab. 19 (S. 82) ist bewußt gewählt worden, um zu zeigen, daß selbst scheinbar einfache Fragen (Erhöhung der Querzugfestigkeit durch Steigerung der Rohdichte) durch Regressionsrechnungen nicht immer beantwortet werden können.

Bei vielen Experimenten kennt man den kausalen Zusammenhang nicht, aus dem eine Regression erklärt werden kann. Wenn sich in solchen Fällen eine Regression als existent oder nichtexistent erweist, besteht die Möglichkeit, daß die betrachteten Variablen mit einer dritten korrelativ verknüpft sind, und daß dadurch die Bestimmtheit eines Zusammenhanges überschätzt oder unterschätzt wird. Es ist dann zweckmäßig, sich über die Natur einer solchen Variablen Gedanken zu machen, sie nach Möglichkeit in die Versuche mit einzubeziehen und ihren Einfluß durch Teilregression nachher auszuschalten. Die sehr häufig, aber kritiklos unterstellte Abhängigkeit der Spanplatteneigenschaften von der Rohdichte stellt sich bei der Nachprüfung oft als nicht existent heraus.

4. Auswerten von Versuchen mit Hilfe der Gesetze der Varianzfortpflanzung

In den vorausgegangenen Beispielen wurden die Zusammenhänge von stochastischen Größen untersucht, die unmittelbar gemessen wurden, z. B. Ausziehkräfte von Schrauben, Bruchlasten bei Querzug- und Spaltbeanspruchung usw. Es gibt aber eine Reihe von Merkmalen, die als Summe, Differenz, Produkt, Quotient, Potenz usw. von zwei oder mehreren stochastischen Größen berechnet werden müssen. Die Dickenquellung ist beispielsweise als Differenz der Probendicke in gewässertem und trockenem Zustand definiert, Bruchspannungen sind die Quotienten von Lasten und Trennflächen usw. Das zu untersuchende Merkmal, die Zielgröße, wird aus gemessenen Einflußgrößen „abgeleitet"; es handelt sich also um funktionale Zusammenhänge zwischen stochastischen Größen. Die statistischen Maßzahlen der Zielgrößen (Mittelwert, Varianz) können unter gewissen Voraussetzungen aus den entsprechenden Maßzahlen der Einflußgrößen abgeschätzt werden. Die Rechenvorschriften für die Maßzahlen abgeleiteter Größen nennt man die *„Gesetze der Varianzfortpflanzung"*. Sie werden z. B. zur Beurteilung von Meßfehlereinflüssen und bei der Festlegung von Toleranzen angewandt und sind auch auf andere statistische Fragestellungen übertragbar.

4.1. Mittelwert und Varianz von abgeleiteten Größen

Wenn zwei stochastische Größen (x, y) voneinander abhängig sind, so geht in die Maßzahlen der aus ihnen abgeleiteten Größe (z) außer den Varianzen s_x^2 und s_y^2 die Kovarianz s_{xy} mit ein. Aus der Varianz s_z^2 einer abgeleiteten Größe z kann daher umgekehrt auch die Kovarianz s_{xy} zwischen den beobachteten Größen x umd y oder der Korrelationskoeffizient r_{xy} berechnet werden. Unter der Voraussetzung, daß die beobachteten Größen (x, y) normal verteilt sind und daß zwischen ihnen lineare Abhängigkeiten bestehen, gelten die nachstehend angegebenen Gesetze der Varianzfortpflanzung.

a) *Summe und Differenz*

$$z = x \pm y$$

Mittelwert

$$\bar{z} = \bar{x} \pm \bar{y} \tag{62}$$

Varianz

$$s_z^2 = s_x^2 + s_y^2 \pm 2 s_{xy} \tag{63}$$

nach Gl. (46) ist

$$r_{xy} = \frac{s_{xy}}{s_x s_y}$$

und somit

$$s_z^2 = s_x^2 + s_y^2 \pm 2 r_{xy} s_x s_y \qquad (63\,\mathrm{a})$$

Sonderfälle

$$r_{xy} = 0 \qquad s_z^2 = s_x^2 + s_y^2 \qquad (63\,\mathrm{b})$$

$$r_{xy} = +1 \qquad s_z^2 = (s_x \pm s_y)^2 \qquad (63\,\mathrm{c})$$

$$r_{xy} = -1 \qquad s_z^2 = (s_x \mp s_y)^2 \qquad (63\,\mathrm{d})$$

b) *Linearer Zusammenhang*

$$z = a \pm b\,x \qquad (a \text{ und } b \text{ konstant})$$

Mittelwert

$$\bar{z} = a \pm b\,\bar{x} \qquad (64)$$

Varianz

$$s_z^2 = b^2 s_x^2 \qquad (65)$$

c) *Produkt*

$$z = x\,y$$

Mittelwert

$$\bar{z} = \bar{x}\,\bar{y} + s_{xy} \qquad (66)$$

$$= \bar{x}\bar{y} + r_{xy} s_x s_y \qquad (67)$$

Varianz

$$s_x^2 = \bar{x} s_y^2 + \bar{y} s_x^2 + 2\,\bar{x}\,\bar{y}\,s_{xy} \qquad (68)$$

d) *Quotient*

$$z = \frac{x}{y}$$

Mittelwert

$$\bar{z} \approx \frac{\bar{x}}{\bar{y}} \left(1 + \frac{s_y^2}{\bar{y}^2} - r_{xy} \frac{s_x\,s_y}{\bar{x}\,\bar{y}}\right) \qquad (69)$$

Varianz

$$s_z^2 \approx \frac{\bar{x}^2}{\bar{y}^2} \left(\frac{s_x^2}{\bar{x}^2} + \frac{s_y^2}{\bar{y}^2} - 2\,r_{xy} \frac{s_x\,s_y}{\bar{x}\,\bar{y}}\right) \qquad (70)$$

Der Korrelationskoeffizient r_{xy}, der in die Gln. (63), (66)–(70) einzusetzen ist, muß nach den in Abschn. 3.1 angegebenen Regeln berechnet werden.

4.2. Vereinfachungen beim Auswerten von Versuchsergebnissen

Beim Auswerten der Meßergebnisse, die bei Routineprüfungen im Betriebslaboratorium anfallen, wird häufig viel Zeit auf das Umrechnen verwandt. Werden die Auswertevordrucke zweckmäßig eingerichtet, so läßt sich viel Arbeitszeit einsparen, wenn man die in Abschn. 4.1 zusammengestellten Gesetze der Varianzfortpflanzung beachtet. Die folgenden Beispiele enthalten Anregungen für das Auswerten von Querzug- und Biegeproben und für die Rohdichteberechnung.

a) Kontrolle der Querzugfestigkeit. Die meisten betriebsüblichen Vordrucke für die Kontrolle der Querzugfestigkeit sehen getrennte Spalten (oder Zeilen) für die an der Festigkeitsmaschine abgelesene *Bruchlast* und die aus ihr abgeleitete Querzug*festigkeit* vor. Der Prüfer trägt zunächst die Bruchlasten ein, dividiert diese anschließend durch die Trennfläche und füllt dann die Spalte „Festigkeit" aus. Diese Umrechnung ist überflüssig, wenn man die Kontrollkarten auf die Bruchlasten abstellt und nur diese überwacht. Es fragt sich, wie groß der Fehler ist, der durch das Vernachlässigen der wirklichen Probenabmessungen entstehen kann.

Nach DIN 52365 sind die Querzugproben 50 × 50 mm groß. Um sie herzustellen, werden von den zu prüfenden Platten zunächst Streifen von 50 mm abgetrennt. Probenbreite und Probenlänge haben verschiedene Schwankungen, weil der Streifen beim Längsschnitt am Anschlag besser geführt ist als beim Querschnitt. Um die Schwankungen der Probenabmessungen kennenzulernen, entnimmt man den Querzugproben mehrmals Stichproben, etwa vom Umfang 10, und notiert die mit Mikrometer oder Meßuhr festgestellten Abmessungen. Es ist zweckmäßig, die Stichproben jeweils nach dem Umstellen der Kreissägenanschläge zu ziehen. Probenlänge und Probenbreite sind normal verteilt, so daß man aus der Spannweite der Meßergebnisse die Größenordnung der Standardabweichungen abschätzen kann. An einer Präzisionskreissäge wurden bei einer solchen Prüfung für die Probenbreite eine Spannweite von 0,24 mm und für die Probenlänge von 0,36 mm beobachtet. Die Standardabweichungen betragen dann etwa $^1/_6$ der Spannweiten, d. h. $s_x = 0{,}04$ mm und $s_y = 0{,}06$ mm.

Der Mittelwert aller Trennflächen $\bar{f}$ ist nach Gl. (66) zu berechnen. Da zwischen Probenbreite und -länge kein korrelativer Zusammenhang besteht, ist $r_{xy} = 0$ und $\bar{f} = \bar{x}\bar{y} = 2500\ \text{mm}^2$. Der Schwankungsbereich für die Trennfläche, der durch Ungenauigkeiten beim Herrichten der Proben entsteht, kann dann aus $\bar{f} \pm \lambda s_f$ berechnet werden. Die Standardabweichung s_f wird aus Gl. (67) berechnet. Man findet

$$s_f^2 = \bar{x} s_y^2 + \bar{y} s_x^2 \qquad \text{wobei } \bar{x} = \bar{y} = 50\ \text{mm}$$
$$s_f^2 = 50\,(0{,}04^2 + 0{,}06^2) = 0{,}20$$
$$s_f = 0{,}45\ \text{mm}^2$$

Für die statistische Sicherheit $S = 99\%$ ($\lambda = 2{,}6$) beträgt die Schwankung der Trennflächengröße infolge der Ungenauigkeit der Probenherstellung $\lambda s_f = 1{,}2\ \text{mm}^2$. Der Fehler, der durch das Vernachlässigen der Probenabmessungen entsteht, fällt gegenüber der Variabilität der Querzugfestigkeit überhaupt nicht ins Gewicht. Es ist daher überflüssig, die Bruchlasten in spezifische Festigkeiten umzurechnen, wenn die Genauigkeit der Proben durch Stichproben kontrolliert wird.

b) Kontrolle der Biegefestigkeit. Die Biegefestigkeit wird in allen Prüfnormen als Quotient aus dem Biegemoment und dem Widerstandsmoment des Probenquerschnitts definiert. Sie stellt eine fiktive Vergleichsgröße mit der Dimension einer Spannung dar, die für einen quadratischen Querschnitt formelmäßig aus

$$\sigma_{bB} = \frac{3}{2} \frac{L}{b\,a^2} P \tag{71}$$

berechnet wird. Der Faktor $\frac{3}{2}$ ist eine Konstante, die 4 anderen Größen L (Stützweite), b (Probenbreite), a (Probendicke) und P (Bruchlast in Probenmitte) sind stochastischer Natur. Es soll untersucht werden, welchen Einfluß die Schwankungen der drei Faktoren L, b und a^2 auf die Varianz von σ_{bB} haben und ob es zulässig ist, bei Biegeprüfungen die Kontrolle auf die Bruchlasten zu beschränken.

Die *Stützweite* L der Biegeproben wird durch Verschieben der Auflagerblöcke auf dem Biegebalken der Festigkeitsmaschine eingestellt. Während der laufenden Biegeprüfungen bleibt sie konstant, ist aber mit einem Einstellfehler behaftet, der sich bemerkbar machen kann, wenn die Stützweite häufig gewechselt wird. Da Holzspanplatten bis zu 25 mm Dicke mit einer Stützweite $L = 200$ mm geprüft werden, verstellt man im Industrielaboratorium die Auflagerblöcke nur dann, wenn dickere Platten zu prüfen sind, was selten vorkommt. Der Einstellfehler für die Stützweite beträgt höchstens $\pm 0{,}5$ mm, so daß für sehr viele Maschineneinstellungen mit einer Schwankungsbreite von 1,0 mm zu rechnen ist. Die Standardabweichung von L kann also mit $s_L = 0{,}16$ mm angenommen werden.

Die *Breite* b der Biegeproben kann, wie beim Herstellen von Querzugproben beschrieben, um 0,24 mm schwanken, so daß die Standardabweichung der Breite die Größenordnung $s_b = 0{,}04$ mm haben kann.

Wir untersuchen zunächst die Variabilität des Faktors L/b in Gl. (71) und benutzen dazu die Gln. (68) und (69), indem $L/b = z$ gesetzt wird. Dann ist die Varianz

$$s_z^2 \approx (\bar{L}/\bar{b})^2 \; (V_L^2 + V_b^2) \tag{72}$$

wobei $V_L = s_L/\bar{L}$ und $V_b = s_b/\bar{b}$ gesetzt wurde. Wegen der geringen Variabilität von L und b kann schließlich für den Mittelwert $\bar{z}$ der Quotient L/b eingesetzt werden, so daß man zur Gl. (73) kommt

$$V_z^2 \approx V_L^2 + V_b^2 \tag{73}$$

V_L und V_b sind zufällig zahlengleich und betragen $0{,}8 \cdot 10^{-3}$ mm. Der Variationskoeffizient des Faktors L/b hat die Größenordnung $V_z = 0{,}11\,\%$. Es ist also zulässig, für L und b Nennmaße einzusetzen und die Biegefestigkeiten in der Form

$$\sigma_{bB} = 6 \cdot P/a^2 \tag{74}$$

zu berechnen.

Die *Plattendicke*, deren Quadrat in den Nenner von Gl. (70) bzw. (74) eingeht, ist aus Herstellungsgründen erheblichen Schwankungen unterworfen. *Innerhalb* einer Serie von 10 aus der gleichen Platte entnommenen Biegeproben ist die Varianz der Probendicke vernachlässigbar klein, so daß in Gl. (74) für a der Mittelwert $\bar{a}$ aus 10 Dickenmessungen eingesetzt werden darf. *Zwischen* den Platten, vor allem zwischen ungeschliffenen Platten sind die Schwankungen jedoch so groß, daß die Verwendung von Nennmaßen zu systematischen Fehlern beim Auswerten führt. Aus diesem Grunde ist es *nicht möglich*, die Kontrolle der Biegefestigkeit *auf die Biegebruchlasten* zu beschränken.

c) Kontrolle der Rohdichte. Die Rohdichte ist als Quotient aus dem Gewicht und dem Volumen definiert. Ihre Kontrolle wird zweckmäßig mit der Kontrolle der Quellwerte verbunden, indem die Quellproben im Format 25×25 mm auf einer Waage mit einer Ablesegenauigkeit von 0,01 g gewogen werden. Wenn das Probengewicht mit g, die Kantenlängen mit b_1 und b_2 und die Dicke mit a bezeichnet wird, gilt für die Rohdichte die Definitionsgleichung

$$\varrho = \frac{g}{a\, b_1\, b_2} \tag{75}$$

wobei sowohl g wie die Probenabmessungen a, b_1 und b_2 stochastische Größen sind. Die Variabilität der Fläche $b_1 b_2$ kann, wie bei den Querzugproben nachgewiesen wurde, vernachlässigt werden, wenn die Einstellung der Kreissägen kontrolliert wird. Auch die Variabilität der Probendicke a ist innerhalb einer Platte vernachlässigbar klein gegen die Variabilität der Probengewichte g. Man darf daher Mittelwert und Varianz der Rohdichte wie folgt berechnen:

Mittelwert
$$\bar{\varrho} = \frac{\bar{g}}{6{,}25\,\bar{a}} \tag{76}$$

Varianz
$$s_\varrho^2 = \left(\frac{1}{6{,}25\,\bar{a}}\right)^2 s_g^2 \tag{77}$$

oder
$$V_\varrho \approx V_g \tag{78}$$

Bei sorgfältig eingestellten und kontrollierten Maschinenanlagen muß das Gewicht der Proben normal verteilt sein, was gelegentlich nachzuprüfen ist. Der Variationskoeffizient der Rohdichte soll zwischen 4 und 5% liegen.

d) Vereinfachung numerischer Varianzberechnungen. Die Varianz einer Summe $y = a + b\,x$ ist nach Gl. (64) $s_y^2 = b^2 s_x^2$, wobei a und b Konstanten sind. Diese Gleichung kann dazu benutzt werden, um numerische Varianzberechnungen zu vereinfachen und die Laufzeit der Rechenmaschinen abzukürzen. Die Varianz einer Meßreihe $x_1, x_2, \ldots x_i$

ändert sich nicht, wenn alle x_i-Werte um den gleichen Betrag a vermindert werden. Man quadriert also $(x_1 - a)$, $(x_2 - a)$, $\ldots$, $(x_i - a)$. Von dieser Möglichkeit, die bei Regressionsrechnungen üblich ist, wurde beim Zahlenbeispiel Tab. 20 (S. 82) bereits Gebrauch gemacht. Bei Versuchen, die mit Varianzanalysen ausgewertet werden, ist die Verminderung der Meßwerte um konstante Beträge jedoch unzweckmäßig, weil die Quadratsummen der *Meßwerte* gebraucht werden.

Beim Auswerten von Dickenmessungen, die nur in den Dezimalen hinter dem Komma Unterschiede zeigen, geht man folgendermaßen vor: Gegeben ist eine Meßreihe der Form 22,03 — 22,12 — ..., die zunächst mit einer Konstanten, z.B. $b = 10^2 = 100$ multipliziert wird. Man erhält dann eine Zahlenreihe 2203 — 2212 — ..., die um den konstanten Betrag $a = 2200$ vermindert wird, so daß die Zahlenreihe 3— 12— ... übrigbleibt. Aus dieser Zahlenreihe wird die Varianz $s_d^{2'}$ berechnet. Die gesuchte Varianz der Dickenmessung ist dann

$$s_d^2 = s_{d'}^2 \cdot 10^{-4}$$

4.3. Nachbarschaftskorrelationen

Die Rückschlüsse, die aus den statistischen Maßzahlen einer Stichprobe auf die entsprechenden Maßzahlen der Grundgesamtheit gezogen werden, beruhen auf der Voraussetzung, daß die Stichprobe *zufällig* entnommen wurde. Dieser Grundsatz kann nicht ganz konsequent eingehalten werden. Zwar werden die *Platten*, die zur Prüfung kommen, zufällig ausgewählt, innerhalb der Platte können die Einzelproben jedoch nicht mehr zufällig über die Plattenfläche verteilt werden. Einmal sind die Plattenformate dafür zu unhandlich (Breiten um 1800 mm und Längen von 4000 mm und mehr), zum anderen wäre es unwirtschaftlich, so große Platten unbrauchbar zu machen, indem man kleine Einzelproben daraus entnimmt. Aus der gezogenen Platte wird daher nur ein Querabschnitt (vgl. Abb. 1, S. 10) entnommen, der systematisch aufgeteilt wird. Daraus ergibt sich die Frage, ob durch die Art des Aufteilens Fehler entstehen, welche die Übertragbarkeit von Stichprobenmessungen auf die Grundgesamtheit zweifelhaft machen. Dieser Fall kann eintreten, wenn die Proben zu dicht nebeneinander gezogen werden. Es kommt beispielsweise vor, daß das vom Holzplatz her in den Fertigungsfluß einlaufende Material Unterschiede in der Neigung zum Verfilzen aufweist. Die schwerer entwirrbaren Späne werden dann von den Egalisierwalzen nicht gleichmäßig zerteilt, so daß kleinere oder größere Ballen auf die Formbleche fallen, die in die Platten mit eingepreßt werden und Inseln größerer Rohdichte bilden. Das Rohdichteprofil der Platten zeigt dann einen wellenförmigen Verlauf. Entnimmt man einer solchen Platte dicht nebeneinander liegende Proben, so können zwischen diesen Nachbarschaftskorrelationen bestehen, die zu fehlerhaften Varianzschätzungen führen. Diese Fehler müssen ausgeschaltet werden, indem beim Aufteilen der Kontrollstreifen ein hinreichender Probenabstand eingehalten wird.

Das gleiche gilt für die Plattenränder. Um die Kanten der Platten schnittfester zu machen, werden bei einigen Verfahrenstechniken die Randzonen etwas konisch gestreut, so daß nach dem Rand zu eine Verdichtung entsteht. Ein weiterer Randeinfluß kommt durch Änderungen im Wasserhaushalt zustande. Die Plattenränder trocknen infolge des geringeren Diffusionswiderstandes rascher aus als die Plattenmitte, so daß die Härtungsreaktionen rascher zum Stillstand kommen als in der Mitte. Wenn sie zu früh abbrechen, findet an den Rändern eine unvollständige Vernetzung des Kunstharzes statt, die sich in höheren Quellwerten auswirkt. Der Spanplattenhersteller muß daher wissen, wie breit eine solche Randzone ist. Fragestellungen dieser Art können mit der Methode der Doppelproben[1] gelöst werden, die auf den Nachweis der Existenz oder Nichtexistenz von Nachbarschaftskorrelationen hinausläuft.

Randeinfluß bei Quelleigenschaften. Aus einer industriell hergestellten dreischichtigen Spanplatte von 16 mm Dicke wurde ein Querstreifen von 25 mm Breite geschnitten und in 60 Quellproben von 25 mm Länge zerlegt. An diesen Proben wurde die Dickenquellung nach 2stündiger Lagerung in Wasser von 20 °C gemessen, wobei die erste Probe aus dem linken, die letzte aus dem rechten Rand stammt.

Die Meßergebnisse sind in Tab. 22 in der Reihenfolge der Entnahme wiedergegeben.

Tabelle 22

Querprofil der Dickenquellung einer 16 mm dicken, dreischichtigen Spanplatte (q_2 *in* %)

Nr.	0	1	2	3	4	5	6	7	8	9	S →
0	3,31	3,34	2,74	2,61	2,42	2,22	2,23	2,49	2,17	2,50	26,03
1	1,92	1,72	2,17	2,24	2,49	2,23	1,91	2,10	2,29	1,91	20,98
2	1,85	2,23	2,17	2,36	2,17	2,03	2,10	2,42	2,16	2,22	21,71
3	2,16	2,22	2,10	2,16	1,71	1,96	2,16	2,22	2,41	2,03	21,13
4	2,10	2,36	2,47	2,76	1,92	2,12	2,38	2,45	2,32	2,83	23,71
5	1,99	2,37	2,24	2,04	2,22	2,09	2,27	2,71	3,99	4,99	26,91
S ↓	13,33	14,24	13,89	14,17	12,93	12,65	13,05	14,39	15,34	16,48	140,47

Jede Zeile enthält 10 unmittelbar nebeneinander liegende Meßwerte während die 6 Meßwerte in den senkrechten Spalten einen Abstand von $10 \times 25 = 250$ mm haben. Eine doppelte Varianzanalyse zwischen Zeilen und Spalten ergibt:

[1] Stange, K. Probennahme vom Band, Metrika 1 (1958) 177ff.

	Summe der Abweichungsquadrate mal 10^4	Freiheitsgrade	$s^2 \times 10^4$
Zwischen den Spalten	20822	9	$2314 = {}_1s_1^2$
Zwischen den Zeilen	33198	5	$6640 = {}_2s_1^2$
Rest zwischen Spalten und Zeilen	102064	45	$2268 = s_r^2$
Total	156084	59	$2645 = s^2$

Für die Varianzquotienten der Spalten findet man $\alpha_1 = 1{,}02$, zwischen den Zeilen $\alpha_2 = 2{,}93$. Die Spaltenmittel sind nur zufällig voneinander verschieden, die Zeilenmittel jedoch nicht. Die beiden Stichprobenreihen, die an den Plattenrändern beginnen bzw. enden (1. und 6. Zeile) liefern etwas zu hohe Schätzwerte für den Mittelwert der Platte. Die Schätzfehler sind aber nicht groß, denn der Varianzquotient α_2 liegt noch im Zweifelsbereich zwischen 95 und 99% Sicherheit. Der aus allen 60 Werten berechnete Gesamtmittelwert beträgt $\bar{x} = 2{,}34\%$. Der Probenabstand hatte also auf die Mittelwertsschätzungen keinen wesentlichen Einfluß.

Dagegen liefern die aus den Zeilen zwischen je 10 Nachbarproben berechneten Varianzen keine brauchbaren Varianzschätzungen. Man findet

Zeile	Probennummer	$s^2 \times 10^4$
1	0–9	1769
2	10–19	532
3	20–29	257
4	30–39	345
5	40–49	801
6	50–59	9950
Durchschnitt s^2 =		2276

Zwischen diesen 6 Varianzen bestehen hochgesicherte Unterschiede (Bartlett-Test), die von Nachbarschaftskorrelationen herrühren.

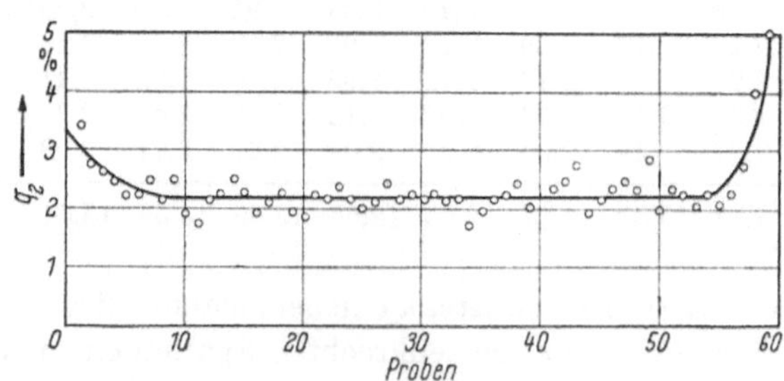

Abb. 27. Querprofil der Dickenquellung q_2. Breite der Platte 1820 mm

Abb. 27 zeigt graphisch die Meßergebnisse aus Tab. 22 mit an den Plattenrändern steil ansteigenden Quellwerten.

Aus Abb. 27 könnte man erwarten, daß der Randeinfluß an beiden Plattenrändern um etwa 6 Probenbreiten, d.h. etwa 150 mm tief in die Platte hineinreicht. Um das nachzuprüfen, werden Doppelproben gebildet, deren Umfang nicht zu klein sein sollte. Die erste Probe beginnt mit dem Randwert und besteht aus den nebeneinander liegenden Werten x_i mit den Ordnungsnummern 0, 1, 2, ..., 9, die folgende Probe y_i mit den Ordnungsnummern 1, 2, 3, ..., 10 usw. Aus je zwei dieser Proben bildet man die Summen $z_i = x_i + y_i$ und berechnet die Varianzen s_x^2, s_y^2 und s_z^2. Der Korrelationskoeffizient zwischen diesen beiden Nachbarreihen ist nach Gl. (63a)

$$r_{xy} = \frac{s_z^2 - s_x^2 - s_y^2}{2\, s_x\, s_y} \tag{79}$$

Für die am linken Rand beginnende Doppelprobe 0 — 9 und 1 — 10 beträgt er 0,85. Der Rechengang wird mehrmals wiederholt, indem nacheinander die Randproben 0, 1, ... weggelassen werden. Für die nächste Doppelprobe 1 — 10 und 2 — 11 findet man $r_{xy} = 0{,}62$.

Korrelationskoeffizienten, deren Zahlenwert unter der Schranke für t_{95} liegt, sind unsicher. Für $N = 10$ Wertepaare ($n = 8$ Freiheitsgrade) beträgt der Schrankenwert 0,63. Trägt man diese Schwelle in Abb. 28 ein, so findet man, daß der Einfluß der Nachbarschaftskorrelationen im Abstand 50 mm vom Plattenrand praktisch unwirksam wird. Man könnte

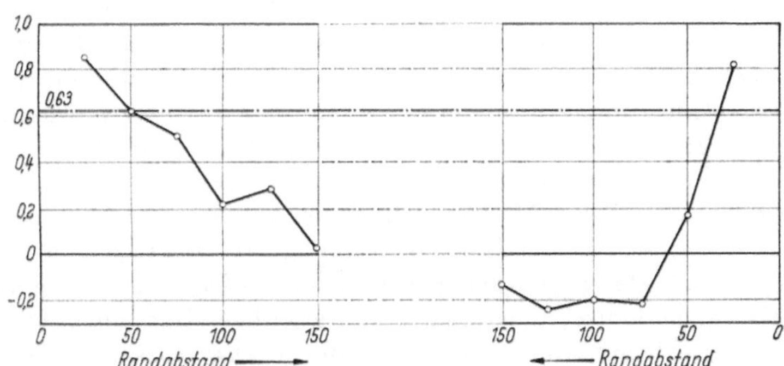

Abb. 28. Nachbarschaftskorrelation bei nebeneinanderliegenden Proben aus $N = 10$ Wertepaaren ($n = 8$) in Abhängigkeit vom Randabstand

daher auch in der Betriebskontrolle Proben verwenden, die unmittelbar nebeneinander liegen, muß dann aber die Randproben ausschalten. Da die Kanten vom Verbraucher mit verwendet werden, ist es erforderlich, die Randproben in die Prüfung mit einzubeziehen. Aus diesem Grunde ist ein Probenabstand von 50 mm erforderlich, um den Regressionseinfluß unwirksam zu machen, der von den beiden ersten Randproben ausgeht.

Bildet man für das Zahlenbeispiel in Tab. 22 Doppelproben mit 50 mm Probenabstand (x: Probe Nr. 0, 4, 8, ..., 36 und y: Probe Nr. 2, 6, 10, ..., 38), so findet man nur noch eine ungesicherte Korrelation der Größenordnung 0,5.

Das vorstehend durchgerechnete Beispiel für Nachbarschaftskorrelationen, das aus einer größeren Untersuchung entstammt, ist für die meisten heute benutzten Spanplattenanlagen typisch. Das Spangut wird auf dem Wege zwischen Mischer und Streumaschine so weit zerteilt, daß in der Platte selbst nur relativ kurzwellige Schwankungen auftreten können. Die in älteren Normen enthaltene Vorschrift, die Proben möglichst weit über die zu prüfende Platte zu verteilen, ist daher nicht nur unwirtschaftlich, sondern auch nicht mehr begründet.

5. Aufteilen von Meßreihen mit Hilfe der Differenzenmethode

Im Zusammenhang mit der einfach linearen Regression (Abschn. 3.3, S. 86) wurde gezeigt, wie die Schwankungen einer abhängigen Variablen (y) in eine aus der Regression herrührende und in eine Zufallskomponente (Schwankungen um die Regressionsgerade s_r^2) zerlegt werden können. Wenn die Gleichung der Regressionsgeraden bzw. die zu ihrer Berechnung notwendigen Maßzahlen bekannt sind, läßt sich s_r^2 aus Gl. (53) zahlenmäßig berechnen. Bei vielen Untersuchungen ist das Gesetz der Regressionslinien aber unbekannt, und allenfalls kann eine graphische Darstellung Anhaltspunkte für ihren Verlauf geben. Unter bestimmten Voraussetzungen kann aber auch ohne Kenntnis der Regressionslinie die Zufallskomponente der Schwankungen berechnet werden.

Fragestellungen dieser Art kommen bei der statistischen Behandlung von sozialwissenschaftlichen Problemen häufig vor. Dort geht es ebenfalls darum, eine Reihe von gemessenen oder beobachteten Werten in systematische, periodische (saisonale) und zufällige Komponenten aufzuteilen. Als Rechenverfahren benutzt man die *Differenzenmethode* von O. ANDERSON, die von K. BRÜCKER-STEINKUHL[1] auf Untersuchungen an Walzwerken für Bandstahl übertragen wurde. Der Rechengang erscheint umständlich, ist aber bei Benutzung von Rechenautomaten durchaus erträglich. Es soll im folgenden an einem Beispiel aus der Spanplattentechnik gezeigt werden.

Untersuchungen an einer Streumaschine. Beim Einrichten der statistischen Qualitätskontrolle in einem Spanplattenwerk wurde eine Diskrepanz zwischen den Spannweiten (R) und der Standardabweichung der

[1] BRÜCKER-STEINKUHL, K.: Forsch. Ber. Nordrh.-Westf. Nr. 288.

Rohdichte beobachtet. Nach Gl. (28) muß bei normal verteilten Grundgesamtheiten der Quotient aus der durchschnittlichen Spannweite und der durchschnittlichen Varianz innerhalb der Platten $\bar{R}/s_2 \sim d_2$ sein, wobei für $l = 10$ Messungen $d_2 = 3{,}08$ erwartet werden kann. Im vorliegenden Fall war der Quotient signifikant kleiner, die Varianz im Vergleich zur Spannweite zu groß. Daraus ist zu schließen, daß die Verteilung der Grundgesamtheit erheblich von einer Normalverteilung abweicht. Die aus einer hinreichenden Zahl von Rohdichtemessungen ermittelte Häufigkeitsverteilung (Abb. 29) bestätigt das.

Die Streuvorrichtung der untersuchten Maschinenanlage war so eingestellt, daß an den Längskanten eine Randaufschüttung entstand, um eine bessere Kantenfestigkeit zu erreichen. Es wurde daher nachgesehen, ob die Unsymmetrie durch einen zu großen Anteil von Randproben entstanden sein konnte, denn für die Rohdichtemessung wurden die Quellproben (25 × 25 mm) benutzt, wobei nach DIN 52360 je eine von insgesamt 10 Proben von der Besäumkante zu entnehmen war. Bei starker Randverdichtung ist eine Überbewertung von Randproben immerhin denkbar. Durch Fortlassen der Randproben veränderte sich aber nur die relative Häufigkeit in der 3. und 4. Klasse (von links), so daß die Art der Probenahme nicht als Ursache für die Anomalien der Häufigkeitsverteilung in Betracht kam. Es wurden daher Rohdichteprofile über die ganze Plattenbreite aufgenommen.

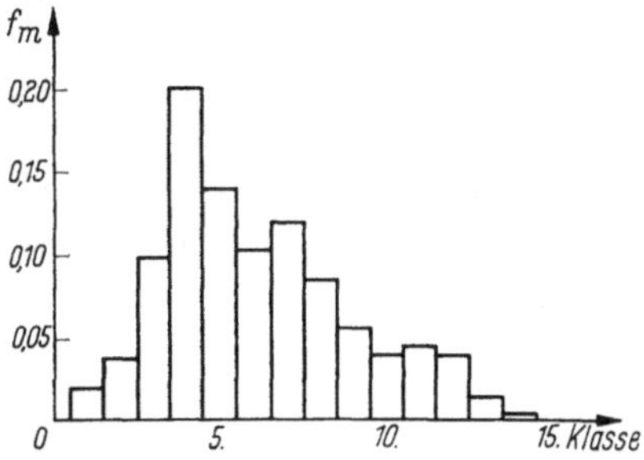

Abb. 29. Stark unsymmetrische (schiefe) Häufigkeitsverteilung der Rohdichte von Spanplatten

Aus der laufenden Produktion wurden 9 geschliffene Spanplatten nach Zufallsgesichtspunkten ausgewählt und in der Mitte, senkrecht zu den Längskanten, aufgetrennt. Aus der Plattenmitte wurden dann Querstreifen von 25 mm Breite entnommen und in quadratische Proben von 25 × 25 mm aufgeteilt. Auf diese Weise entstanden für jede Platte 60 nebeneinander liegende, vom linken Plattenrand aus fortlaufend nummerierte Proben, an denen die Dicke und das Gewicht gemessen wurde. Die Dickenmessungen waren mit sehr kleiner Varianz normal verteilt. Die Unsymmetrie der Häufigkeitsverteilung von Abb. 29 kann daher nur auf Anomalien in der Verteilung der Probengewichte beruhen. Die weitere Untersuchung durfte daher auf die Probengewichte beschränkt werden. Zunächst wurden aus je 9 an gleicher Stelle aus jeder Platte entnommenen Proben Mittelwerte gebildet, die in Abb. 30 über der Breite der Platte aufgetragen sind. Die Verteilung dieser Gewichtsmittel ist zur Plattenmitte symmetrisch, zeigt aber einen sinusförmigen Verlauf mit einem ausgeprägten Maximum in der Mitte. Die Randaufschüttung ist deutlich erkennbar, aber weit geringer als die Zunahme in Plattenmitte.

Die Meßergebnisse in Abb. 30 sind durch eine gefühlsmäßig eingezeichnete Regressionslinie ausgeglichen, die als systematische Komponente aufgefaßt werden kann. Ihr sind offensichtlich zufällige Schwankungen überlagert. Die systematische Komponente ist die Folge von Luftströmungen in dem Raum zwischen Streuvorrichtung und Spänevlies. Abb. 30 zeigt zunächst, daß die Anomalien in der Häufigkeitsverteilung von Abb. 29 tatsächlich nicht von Randproben, sondern von der Gewichtserhöhung im Bereich der Plattenmitte herrühren, die bei der Probenahme während der laufenden Betriebskontrolle regelmäßig erfaßt worden war. Da Abb. 30 durch Verkürzen des Abszissenmaßstabes (Plattenbreite = 1800 mm) wesentlich augenfälliger ist als das optische Bild an der Maschinenanlage, war der Fehler in der Schüttung zunächst unbemerkt geblieben. Es ergab sich nun die Frage, ob die Zufallsschwankungen der Streueinrichtung größer oder kleiner sind als die bekannten Schwankungen anderer Maschinenanlagen.

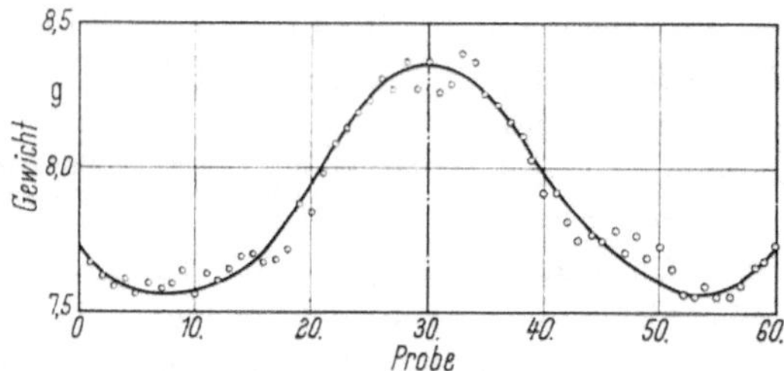

Abb. 30. Profil der Rohdichte von 22 mm dicken Spanplatten. Jeder Meßpunkt ist das Mittel aus 9 Proben, die aus 9 verschiedenen Platten stammen (Gewichte in g)

Rechengang der Differenzenanalyse. Die in der ersten senkrechten Spalte von Tab. 23 (s. S. 109) untereinander gestellten Meßwerte sind transformiert, indem die Plattenmittelwerte (aus je 9 Proben) mit 100 multipliziert und anschließend um 700 vermindert wurden. Der erste Meßwert 67 betrug also 7,67 g. Aus je zwei aufeinander folgenden Meßwerten werden die Differenzen $y_1 - y_2$, bzw. $y_2 - y_3$ usw. berechnet und in die zweite senkrechte Spalte eingetragen. Diese heißen die „ersten" Differenzen Δ^1. Infolge der Symmetrie zur Plattenmitte wurde die Rechnung nach dem 30. Meßwert abgebrochen. Aus der Reihe der ersten Differenzen wird in gleicher Weise die Reihe der „zweiten" Differenzen Δ^2 gebildet und in der dritten senkrechten Spalte eingetragen. Aus jeder der Differenzreihen wird ein Schätzwert für die Zufallsvarianz berechnet. Für die k-te Differenzreihe beträgt er

$$s_k^2 \approx \frac{k!\,k!}{(2\,k)!}\,\frac{1}{n-k}\,\mathop{S}_{1}^{n-k}(\Delta^k)^2 \qquad (80)^1$$

Tabelle 23. *Differenzen Δ^1 bis Δ^9 des Rohdichteprofils*

	Δ^1	Δ^2	Δ^3	Δ^4	Δ^5	Δ^6	Δ^7	Δ^8	Δ^9
67	5	+2	−3	−15	−42	−96	−195	−361	−601
62	3	+5	+12	+27	+54	+99	+166	+240	+242
59	−2	−7	−15	−27	−45	−67	−74	−2	+310
61	5	+8	+12	+18	+22	+7	−72	−312	−901
56	−3	−4	−6	−4	+15	+79	+240	+589	+1277
59	1	+2	−2	−19	−64	−161	−349	−688	−1262
58	−1	+4	+17	+45	+97	+188	+339	+574	+919
59	−5	−13	−28	−52	−91	−151	−235	−345	−495
64	8	+15	+24	+39	+60	+84	+110	+150	+245
56	−7	−9	−15	−21	−24	−26	−40	−95	−254
63	2	+6	+6	+3	+2	+14	+55	+159	+425
61	−4	0	+3	+1	−12	−41	−104	−266	−709
65	−4	−3	+2	+13	+29	+63	+162	+443	+1148
69	−1	−5	−11	−16	−34	−99	−281	−705	−1569
70	4	+6	+5	+18	+65	+182	+424	+864	+1591
66	−2	+1	−13	−47	−117	−242	−440	−727	−1121
68	−3	+14	+34	+70	+125	+198	+287	+394	+528
71	−17	−20	−36	−55	−73	−89	−107	−134	−162
88	3	+16	+19	+18	+16	+18	+27	+28	−53
85	−13	−3	+1	+2	−2	−9	−1	+81	+395
98	−10	−4	−1	+4	+7	−8	−82	−314	−933
108	−6	−3	−5	−3	+15	+74	+232	+619	
114	−3	+2	−2	−18	−59	−158	−387		
117	−5	+4	+16	+41	+99	+229			
122	−9	−12	−25	−58	−130				
131	3	+13	+33	+72					
128	−10	−20	−39						
138	+10	+19							
128	−9								
137									

[1] Anderson, O.: Probleme der statistischen Methodenlehre in den Sozialwissenschaften, 4. Aufl. Würzburg: Physica Verlag 1962, S. 306.

In Tab. 24 sind die Differenzen Δ^1 bis Δ^9 angegeben. Die Differenzen werden quadriert und spaltenweise summiert, wobei die Zahl der Differenzen $n - k$ beträgt, wenn k die Ordnungszahl der Differenzreihe ist. Für die neun Differenzen findet man:

Tabelle 24

k	$n - k$	$\frac{(2k)!}{k!\,k!}$	$\frac{(2k)!}{k!\,k!}(n-k)$	$\overset{n-k}{\underset{1}{\mathrm{S}}}\,\Delta^2$	s_k^2
1	29	2	58	1286	22,17
2	28	6	168	2740	16,31
3	27	20	540	9135	16,92
4	26	70	1820	30874	16,96
5	25	252	6300	105105	16,68
6	24	924	22176	359404	16,20
7	23	3432	78936	1236775	15,67
8	22	12870	283140	4312190	15,23
9	21	48620	1021020	15350410	15,03

Die berechneten Schätzwerte $s_1^2, \ldots, s_9^2$ (Tab. 24) zeigen mit steigender Ordnungszahl fallende Tendenz. Etwa von der 7. Differenz bleibt der Schätzwert jedoch annähernd konstant, so daß die Analyse bei dieser Reihe hätte abgebrochen werden können.

Versuchsergebnis. Für die Varianz der Zufallskomponente, nach der im Zusammenhang mit der Rohdichteverteilung gefragt wurde, kann mit der Größenordnung $s_k^2 = 16$ gerechnet werden. Da die Ausgangswerte in Tab. 23 mit 100 multipliziert wurden, ist der wahre Wert der Varianz

$$s_k^2 = 16 \cdot 10^{-4}\,\mathrm{g}^2$$

und

$$s_k = 4 \cdot 10^{-2}\,\mathrm{g}$$

Jeder Meßwert in Tab. 23, Spalte 1 stellt das arithmetische Mittel aus 9 Platten dar. Wenn man annimmt, daß das Schüttgewicht des Spänevlieses an einer bestimmten Stelle (vom Plattenrand aus gemessen) um diesen Mittelwert annähernd normal verteilt ist, so sind zwischen verschiedenen, nacheinander entnommenen Platten Schwankungen zu erwarten, die um $\sqrt{9}$, d.h. um das Dreifache größer sind. Für ein Querprofil durch eine einzelne Platte muß daher mit einer Zufallsschwankung der Größenordnung $s_k = 12 \cdot 10^{-2}$ gerechnet werden. Bei einem mittleren Probengewicht von 7,84 g beträgt dann der Variationskoeffizient des Schüttgewichts

$$V_k = \frac{12}{7{,}84} = 1{,}5\%$$

Bei dem vorliegenden Versuch war sichergestellt worden, daß gleichartige Späne verarbeitet wurden. Die Zufallsschwankungen, die durch die Standardabweichung s_k gemessen werden, beruhen also allein auf der Arbeitsweise der Streuvorrichtungen. Sie sind als gering zu beurteilen. Um eine gleichmäßigere Verteilung der Schüttgewichte zu erreichen, braucht an den Streuvorrichtungen nichts geändert zu werden. Es ist aber notwendig, die Luftströmungen auszuschalten, die für die sinusförmige Verteilung verantwortlich sind, z.B. durch Leitbleche od. dgl.

6. Rangkorrelationen

Die in Abschn. 3 dargestellten Rechenverfahren dienen dazu, eine Meßreihe (Punkthaufen) durch eine (beste) Regressionslinie auszugleichen, deren Parameter berechnet werden. Die Straffheit des stochastischen Zusammenhanges wird durch ein Bestimmtheitsmaß beurteilt, das angibt, wie groß der aus der Regression herrührende Anteil der Schwankungen einer abhängigen Variablen ist. Anstelle der Bestimmtheit B wird meist der Korrelationskoeffizient $r = \sqrt{B}$ gebraucht. Diese Rechenverfahren sind anwendbar, wenn die betrachteten Variablen in irgendeiner Form meßbar sind. Es gibt aber Beurteilungsmerkmale, die nicht in Maßzahlen ausgedrückt werden können, wie physikalische oder elastomechanische Eigenschaften. Man hilft sich dann mit Skalen nach Art von Schulzensuren „sehr gut, gut, genügend, ungenügend" usw. Auch die Unterteilung nach der Rohdichte in schwere, mittelschwere und leichte Spanplatten (DIN 4076) ist eine solche Rangfolge. Stochastische Zusammenhänge zwischen Meßreihen, die durch eine Rangfolge beschrieben werden, lassen sich mit Hilfe von Rangkorrelationen untersuchen. Sie werden an einem Beispiel erläutert, das Untersuchungen über Oberflächeneigenschaften von Spanplatten entnommen ist.

6.1. Oberflächeneigenschaften von Spanplatten

Aufgabe. Spanplatten für Möbel werden im allgemeinen unmittelbar (ohne Blindfurnier) mit einem dünnen Messerfurnier beschichtet und anschließend lackiert. Auf Hochglanz geschwabbelte Oberflächen werden aber nachträglich gelegentlich „unruhig", weil im schräg einfallenden Licht schon „Berge" oder „Täler" von einigen Tausendstelmillimetern Höhe Verzerrungen ergeben. Um die Güte einer solchen Oberfläche zu beurteilen, kann man englischen oder amerikanischen Vorbildern folgend die Testflächen als Spiegel benutzen, ein engmaschiges Gitter darauf projezieren und die Schärfe oder Unschärfe des von der Testfläche auf einen Lichtbildschirm geworfenen Bildes mit einer Musterskala vergleichen. Wenn diese nach der Schärfe beispielsweise von 1 bis 10 gestuft ist, so läßt sich das Prüfergebnis durch eine Rangfolgenote ausdrücken.

Dem Hersteller von Spanplatten ist aber mit einem Prüfverfahren, das nur für fertig behandelte, lackierte und polierte Oberflächen anwendbar ist, nicht gedient. Er muß wissen, wie sich eine Spanplatte in Zukunft verhalten wird, und will das an einer unbehandelten Platte nachprüfen. Fast alle industriellen Forschungsinstitute haben sich daher mit Prüfverfahren für die Oberfläche von Spanplatten befaßt. Sie gehen alle von der Überlegung aus, daß die „Unruhe" auf irreversiblen Quellbewegungen einzelner Späne oder Holzteilchen beruht, die durch Feuchtigkeitsaufnahme, z.B. aus dem Furnierleim ausgelöst werden. Auf den Oberflächen der Proben wird daher meist eine definierte Wassermenge (etwa 100 g/m²) verteilt und zum Einsinken gebracht. Nach einer meist zyklischen Klimatisierung wird dann mit Tastgeräten ein Oberflächenprofil aufgenommen, das ähnlich wie Rauhigkeitsdiagramme in verschiedener Form ausgewertet werden kann.

Versuchsplan. Um die Übertragbarkeit der verschiedenen Prüfverfahren auf lackierte und polierte Oberflächen nachzuprüfen, wurde zwischen verschiedenen europäischen Forschungsinstituten ein Vergleichsversuch verabredet. Das Centre Technique du Bois in Paris ließ 3 Tischler- und 7 Spanplatten furnieren, mit Polyesterlack beschichten und polieren. Die Musterplatten wurden zyklisch klimatisiert, so daß ihre Oberfläche mehr oder weniger „unruhig" wurde. Die 10 Muster wurden von einer Gruppe von Fachleuten nach der „Güte" der Oberflächen klassifiziert, wobei jedes Muster eine Rangfolgenote erhielt (1 = bestes, 10 = schlechtestes Muster). Abschnitte der unbehandelten Tischler- und Spanplatten wurden an verschiedene Forschungsinstitute verteilt und mit den dort üblichen Prüfverfahren untersucht. Jedes dieser Institute klassifizierte die 10 Platten nach fallender Güte, wobei Rangfolgen entstanden, die nicht genau miteinander übereinstimmten.

Statistische Fragestellung. Besteht zwischen den Rangfolgen, die in den Prüfinstituten gefunden wurden und zwischen der Rangfolge der Pariser Fachleute ein hinreichend strammer Zusammenhang und welches der Prüfverfahren kommt dem Urteil der Fachleute am nächsten?

Aus Tab. 25 erkennt man, daß die verschiedenen Rangfolgen mehr oder weniger gleichlaufend sind. Man berechnet daher zwischen der Rang-

Tabelle 25. *Beurteilung von 10 Platten durch eine Gruppe von Fachleuten* (F) *und drei Institute* (L, P, T)

	Tischlerplatten			Spanplatten						
Platte Nr.	I	II	III	IV	V	VI	VII	VIII	IX	X
F (Fachleute)	1	3	2	7	6	10	5	9	4	8
L	1	3	2	6	8	9	7	10	4	5
P	1	4	2	10	5	8	3	7	6	9
T	4	3	5	9	8	6	1	10	7	2

folge F (Fachleute) und den drei übrigen Rangfolgen den Rangkorrelationskoeffizienten nach SPEARMAN, der wie folgt definiert ist:

$$\varrho = 1 - \frac{6\, S \Delta_i^2}{n\,(n-1)\,(n+1)} \tag{81}$$

Δ_i = Differenz zwischen 2 Rangfolgenummern.

Für die Rangkorrelation $L \to F$ findet man

$$\Delta_i = 0 \quad 0 \quad 0 \quad +1 \quad -2 \quad +1 \quad -2 \quad -1 \quad 0 \quad 3$$

$$\Delta_i^2 = 0 \quad 0 \quad 0 \quad 1 \quad 4 \quad 1 \quad 4 \quad 1 \quad 0 \quad 9 \qquad S\Delta_i^2 = 20$$

und daraus $\varrho_{L,F} = 1 - \frac{6 \cdot 20}{990} = 0{,}88.$

Für die Rangkorrelationen zwischen den Prüfern P und T einerseits und den Fachleuten F andererseits findet man in gleicher Weise:

$$\varrho_{P,F} = 0{,}83 \quad \text{und} \quad \varrho_{T,F} = 0{,}37$$

Existenzprüfung

$$\textit{Prüfgröße} \quad F = \frac{\varrho^2}{1-\varrho^2}\,(N-2) \tag{82}$$

Die Prüfgröße zur Beurteilung des SPEARMANschen Rangkorrelationskoeffizienten ist identisch mit der Prüfgröße nach Gl. (48) für Maßkorrelationen. Man kann daher Abb. 24 benutzen und stellt fest, daß die Rangfolgen, die von den Prüfern L und P aufgestellt wurden, mit mehr als 99%iger Sicherheit mit der Rangfolge der Pariser Fachleute (F) korreliert sind. Die vom Prüfer T ermittelte Rangfolge ist jedoch zu lose korreliert, denn der Rangkorrelationskoeffizient ist nur zufällig von 0 verschieden.

Deutung der Rechenergebnisse. Bei routinemäßiger Anwendung der Korrelationsrechnung könnte man aus den vorstehenden Ergebnissen herauslesen, daß das vom Prüfer L benutzte Verfahren am besten mit dem Urteil der Pariser Fachleute übereinstimmt, während das Prüfverfahren T keine befriedigenden Ergebnisse erzielt hat. Nun ist aber zu bedenken, daß an den Versuchen nicht nur Spanplatten, sondern auch drei Tischlerplatten beteiligt waren, und zwar die Platten Nr. I, II und III. Es fragt sich daher, wie der Vergleich ausfällt, wenn man die Rangkorrelationen allein für die 7 Spanplatten berechnet. Man erhält nun eine neue Ergebnistabelle mit folgenden Rangfolgen:

Tabelle 26. *Beurteilung der 7 Spanplatten allein* (*Tischlerplatten ausgeschaltet*)

Prüfer	Platte IV	V	VI	VII	VIII	IX	X
F	4	3	7	2	6	1	5
L	3	5	6	4	7	1	2
P	7	1	5	2	4	3	6
T	6	5	3	1	7	4	2

Tab. 26 enthält 4 Rangfolgen aus je 7 Wertepaaren, aus denen sich in gleicher Weise wie bei der Tab. 25 folgende Rangkorrelationskoeffizienten ergeben:

$$\varrho'_{L,F} = 0{,}64 \quad \varrho'_{P,F} = 0{,}54 \quad \varrho'_{T,F} = 0{,}21$$

Vergleicht man diese Koeffizienten mit den Schrankenwerten für 7 Wertepaare in Abb. 24, so fallen sie alle in den Zufallsbereich hinein, sind also nur zufällig von 0 verschieden. Es zeigt sich immerhin, daß das Meßverfahren des Prüfers L wiederum am besten mit dem Versuch an behandelten Platten (Reihe F) übereinstimmt. Das trotzdem betrübliche Ergebnis ist dadurch zustande gekommen, daß die drei Tischlerplatten, die ihres Aufbaus wegen ohnehin keine Neigung zur Oberflächenunruhe haben, von den Prüfstellen L und P erwartungsgemäß als die besten beurteilt wurden. Die Übereinstimmung der Urteile bei den ersten drei Wertepaaren, die aus den Tischlerplatten in Tab. 25 stammen, hat die vorhandenen Unterschiede in der Beurteilung der 7 Spanplatten überdeckt. Um zu einer gesicherten Aussage über die Eignung der beiden Prüfverfahren L und P zur Voraussage der Oberflächeneigenschaften fertig behandelter Platten zu kommen, müßte zunächst der Umfang des Versuches erweitert werden. Ob sich dadurch aber zugleich auch straffere Korrelationen zwischen Versuch und Praxis einstellen, ist nicht anzunehmen. Es bleibt daher zweifelhaft, ob die Quelleigenschaften bei Wasseraufnahme für eine spätere Oberflächenunruhe überhaupt verantwortlich sind. Die Erfahrungen beim Aufklären von Reklamationen deuten nämlich darauf hin, daß es sich wahrscheinlich mehr um eine Angelegenheit des Lackauftrages handelt. Es erscheint auch nicht erfolgversprechend, die Versuchsmethoden zur Erfassung des Oberflächenverhaltens von angefeuchteten Spanplatten weiter zu verfeinern. Die Prüfmethode L, die offensichtlich am besten mit dem Urteil der Fachleute übereinstimmt, ergab – auf Spanplatten allein angewandt – nur einen Zusammenhang $\varrho = 0{,}64$ und eine Bestimmtheit $B = \varrho^2 = 0{,}4$. Beim Auswerten des Versuches wurde von der stillschweigenden Voraussetzung ausgegangen, daß das Urteil der Pariser Fachleute unzweifelhaft ist. Auch deren Aussage ist aber mit subjektiven Eindrücken behaftet, so daß man mit zu weitgehenden Schlußfolgerungen in diesem Fall besonders vorsichtig sein muß.

6.2. Überschlägliche Schätzung von korrelativen Zusammenhängen

Der Rangkorrelationskoeffizient nach SPEARMAN hat den Vorzug, daß er einfach und schnell berechnet werden kann. Die Differenzen von Rangfolgenummern, deren Quadrate und Quadratsummen kann man sogar im Kopf rechnen. Das führt zwangsläufig zu der Überlegung, auch die in den vorausgegangenen Abschnitten behandelten Maßkorrelationen als Rangkorrelationen aufzufassen. Wenn es sich allein darum handeln würde, die Straffheit eines korrelativen Zusammenhanges abzuschätzen, hätten solche Überlegungen eine gewisse Berechtigung. Die Regressionstheorie dient aber in erster Linie dazu, einen Punkthaufen von Meßwerten durch eine mathematisch definierte Funktion auszugleichen. Die Aufgabe der Rechnung besteht darin, die Parameter dieser Funktionen zu berechnen, während Bestimmtheitsmaße oder Korrelationskoeffizienten nur Hilfsgrößen zur Beurteilung der Straffheit der Zusammenhänge darstellen. Faßt man daher beliebige stochastische Zusammenhänge als Rangkorrelationen auf, so liefert der Rangkorrelationskoeffizient zwar eine Schätzung für die Straffheit, aber keine Hinweise auf die Form der Regressionslinien. Die Straffheit eines Zusammenhanges kann bei Maßkorrelationsrechnungen aber auch überschätzt werden, wie das folgende Zahlenbeispiel zeigt.

Vergleich zweier Meßverfahren für die Querzugfestigkeit. Die in Europa üblichen quadratischen Querzugproben müssen in Traversen aus Metall oder Holz eingeklebt werden, um sie in die Festigkeitsmaschine einspannen zu können. In der Betriebskontrolle ist diese sekundäre Leimung insofern unerwünscht, als der zeitliche Abstand zwischen Probenahme und Prüfung verlängert wird. Die europäischen Querzugproben reißen an der schwächsten Stelle des Gefüges, die nicht immer genau in der Plattenmitte liegt. Da die Querzugfestigkeit als solche kein Beurteilungsmerkmal für die praktische Eignung einer Spanplatte ist, sondern erst durch die Korrelation zur Schraubenauszziehkraft und zur Spaltfestigkeit zu einem solchen wird, könnte man gegen diese Probenform einwenden, daß die Kenntnis der Querzugfestigkeit einer definierten Querschnittsebene, z. B. der Symmetrieebene, ein besseres Merkmal darstellt. Insofern ist die japanische Querzugprobe (JIS 5908), die in Abb. 31 dargestellt ist, eine interessante Lösung, weil der Bruch nur in der durch die Kerbschlitze begrenzten Ebene erfolgen kann.

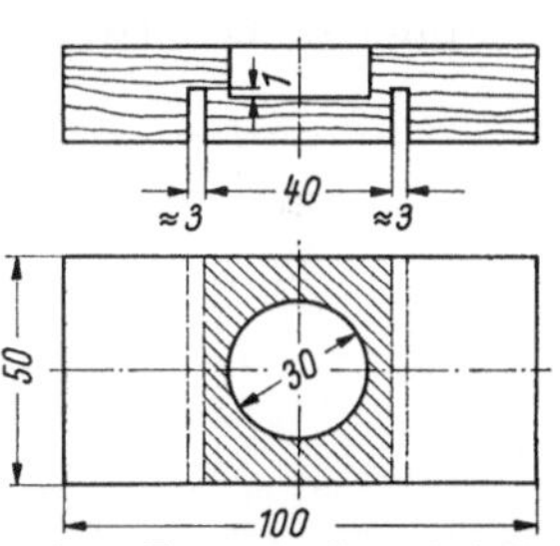

Abb. 31. Jap. Querzugprobe nach JIS 5908 (1957)

Um den Aussagewert der japanischen und deutschen Querzugproben zu beurteilen, wurden Versuche durchgeführt. Aus 12 verschiedenen Spanplatten wurden je 10 Querzugproben nach JIS 5908 und je 10 quadratische Querzugproben im Format 25 × 25 mm entnommen und geprüft. Die Mittelwerte aus je 10 Messungen sind in Tab. 27 zusammengestellt. Die Zahlenwerte (y_i, x_i) sind Bruchlasten in kp.

Tabelle 27. *Prüfung von 12 (stark) verschiedenen Spanplatten mit deutschen und japanischen Querzugproben*

JIS y_i	DIN x_i	Rangfolge y_i	Rangfolge x_i	Δ_i	Δ_i^2
34,4	16,5	5	10	−5	25
23,3	14,7	12	11	1	1
24,2	13,0	11	12	−1	1
65,0	55,1	3	2	1	1
65,3	55,7	2	1	1	1
75,4	45,2	1	3	−2	4
29,6	23,0	7	5	2	4
32,6	24,1	6	4	2	4
29,1	17,1	8	9	−1	1
35,6	22,5	4	6	−2	4
25,6	17,8	10	8	+2	4
28,6	19,2	9	7	+2	4
					54

Berechnet man aus Tab. 27 den Maßkorrelationskoeffizienten, so findet man $r_{xy} = 0{,}94$. Der Rangkorrelationskoffizient beträgt jedoch nur

$$\varrho_{xy} = 1 - \frac{6 \cdot 54}{11 \cdot 12 \cdot 13} = 1 - \frac{324}{1716} = 0{,}81$$

Welche der beiden Schätzungen verdient das größere Vertrauen? Um diese Frage zu beantworten, muß man den Punkthaufen untersuchen, der der Tab. 27 entspricht. Er ist in Abb. 32 dargestellt und zeigt zwei Gruppen, von denen 9 Wertepaare dicht nebeneinander im unteren Bereich und 3 Wertepaare am oberen Rand liegen. Betrachtet man zunächst nur die geschlossene Gruppe von 9 Wertepaaren, so findet man folgende Korrelationskoeffizienten

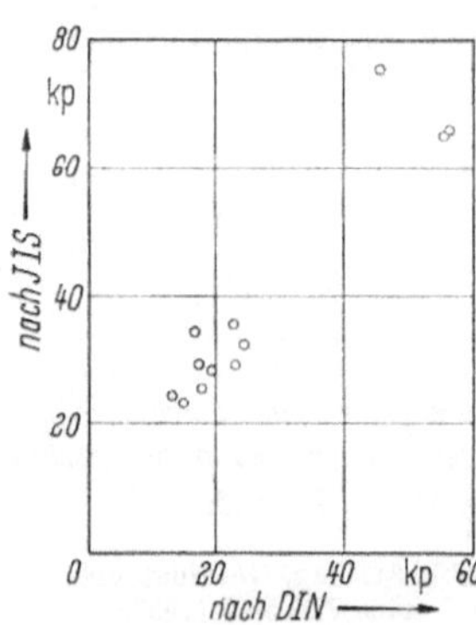

Abb. 32. Vergleich zwischen Querzugproben nach japanischen und deutschen Prüfmethoden

$$r_{xy} = 0{,}65$$
$$\varrho_{xy} = 0{,}60$$

Maß- und Rangkorrelationen zeigen also annähernd gleiche Straffheit des Zusammenhanges an. Die drei Platten mit extrem großer Querzugfestigkeit wurden aus Bagassestroh hergestellt, das sich stark verfilzt und daher Platten mit großer Querzug- und Spaltfestigkeit liefert.

Diese drei Wertepaare liefern bei der Maßkorrelation so große Beiträge zu den Abweichungsquadraten, daß der gesamte Punkthaufen eine

Straffheit der Größenordnung $r = 0{,}94$ ergibt. Wenn es möglich gewesen wäre, die Lücke zwischen $25 < x < 55$ kp durch weitere Platten zu schließen, wäre eine geringere Straffheit zu erwarten gewesen. Der Rangkorrelationskoeffizient ist von dem horizontalen bzw. vertikalen Abstand der Wertepaare unabhängig und liefert daher nur einen Schätzwert $\varrho = 0{,}811$ der beim vorliegenden Beispiel sogar plausibler ist als der Schätzwert aus der Maßkorrelation.

Es gibt keine allgemein gültige Regel, die es gestatten würde, dem einen oder anderen Korrelationsmaß grundsätzlich den Vorzug zu geben. Das vorliegende Beispiel legt es nahe, den Rangkorrelationskoeffizienten auch dann zu berechnen, wenn die Regressionsgleichungen bekannt sind, wobei die Bestimmung des Maßkorrelationskoeffizienten die gebräuchlichere Methode ist. Wenn beide Koeffizienten verschiedene Größenordnungen haben, lohnt es sich stets, ihrer Entstehung anhand des Punkthaufens nachzugehen und sich dann für den plausibleren Wert zu entscheiden.

IV. Statistische Hilfsmittel

Die statistische Analyse von Versuchsergebnissen beginnt mit dem Aufbereiten der Meßwerte und endet mit einer Signifikanzprüfung. Bei der Kontrollkartenmethode erfolgt sie graphisch, indem die Meßergebnisse (z.B. Mittelwert und Spannweite) in vorbereitete Diagramme eingetragen werden. Solange diese innerhalb der Warn- oder Kontrollgrenzen liegen, gehört die Stichprobe zur gleichen Grundgesamtheit, und die Fertigung „liegt in Kontrolle". In allen anderen Fällen muß eine *Prüfgröße* berechnet und mit den Schrankenwerten einer *Prüfverteilung* verglichen werden. Für die wichtigsten Prüfverteilungen sind die Schrankenwerte im Anhang tabuliert (χ^2 siehe Tab. I, t siehe Tab. II und F siehe Tab. III).

Die χ^2-Verteilung dient zur Beurteilung der Frage, ob eine empirische Verteilung durch eine angenommene Verteilung, z.B. eine Normalverteilung ersetzt werden kann. χ^2 hängt von der statistischen Sicherheit und von der Zahl der Freiheitsgrade ab. Zur Signifikanzprüfung kann daher auch Abb. 8 benutzt werden.

Die t-Verteilung (auch „Student-Verteilung genannt) wird zum Prüfen von Mittelwertsunterschieden und von Regressionen gebraucht. Sie hängt von der statistischen Sicherheit und von der Zahl der Freiheitsgrade ab.

Die wichtigste Prüfverteilung, die zu Ehren des englischen Mathematikers R. A. Fisher als „F-Verteilung" bezeichnet wird, hängt außer von der statistischen Sicherheit von zwei Freiheitsgraden, n_1 und n_2 ab.

Sie dient zum Vergleich von Varianzen. Für ein aus k-Gruppen (Platten) und je l Meßwerten bestehendes Zahlenkollektiv ist $n_1 = k - 1$ und $n_2 = k(l - 1)$. Da bei Routineprüfungen an Spanplatten stets $l = 10$ Proben entnommen werden, ist $n_2 = 9k$. Für diesen Sonderfall können die Schrankenwerte der F-Verteilung in Form einfacher Kurven dargestellt werden, was in Abb. 9 geschehen ist.

Tabellenwerke. Text und Anhang dieses Buches reichen für die meisten im Spanplattenwerk anfallenden statistischen Rechnungen aus. Trotzdem ist es ratsam, für den Handgebrauch des Kontrolleiters ein umfangreicheres Tabellenwerk anzuschaffen. Hierfür kommt in Frage

Graf, U., und H. J. Henning: Formeln und Tabellen der mathematischen Statistik, Springer-Verlag Berlin, 1958.

Statistische Fachliteratur. Die im Kontrollwesen der Spanplattenindustrie tätigen Ingenieure und Techniker haben erfahrungsgemäß einige Schwierigkeiten, sich in die Gedankenwelt der Statistik einzufühlen, wenn sie während ihres Studiums keine einschlägigen Vorlesungen gehört haben. Der Verfasser wird daher häufig gefragt, welches Fachbuch zu empfehlen sei, um sich möglichst rasch informieren zu können. Statistische Methoden werden in der Holztechnologie erst seit etwa 10 Jahren angewandt. Die Anregung dazu gab R. Keylwerth mit einer aus 6 Mitteilungen bestehenden Publikationsreihe ,,Studien über die Anwendung mathematisch-statistischer Methoden in der Holzforschung und Holzwirtschaft" (Holz als Roh- und Werkstoff, Jg. 12 (1954) und Jg. 13 (1955). Diese Arbeit stellt den Beginn eines neuen Abschnittes in der technologischen Holzforschung dar. Sie wurde später ergänzt durch die Abhandlung

Keylwerth, R.: Statistische Methoden der Qualitätskontrolle im Holzindustriebetrieb, Mitteilungen der Deutschen Gesellschaft für Holzforschung 1957, H. 44.

Es gibt ferner eine Reihe von Standardwerken, die unter Verzicht auf mathematische Ableitungen die statistischen Methoden an Hand von Zahlenbeispielen entwickeln. Die wichtigsten Bücher dieser Art sind:

Fisher, R. A.: Statistische Methoden für die Wissenschaft (Deutsche Übersetzung von D. Lucka), Edinburgh: Oliver and Boyd 1956.

Fisher, R. A.: The Design of Experiments, Edinburgh: Oliver and Boyd 1951.

Lindner, A.: Statistische Methoden für Naturwissenschaftler, Mediziner und Ingenieure, Basel: Birkhäuser 1951.

Lindner, A.: Planen und Auswerten von Versuchen, Basel: Birkhäuser 1953.

Graf, U., u. H. J. Henning: Statistische Methoden bei textilen Uutersuchungen, Berlin/Göttingen/Heidelberg: Springer 1960.

Brownlee, K. A.: Industrial Experimentation HMSO, London 1960.

Strauch, H.: Statistische Güteüberwachung, München: Hanser 1956.

Die von R. A. Fisher und von A. Lindner verwendeten Zahlenbeispiele stammen vorwiegend aus biologischen Forschungsarbeiten, bei U. Graf aus der Textil-, bei H. Strauch aus der Metallverarbeitung.

Wegen der unterschiedlichen Fachgebiete, für die diese Bücher bestimmt sind, wurde den einzelnen statistischen Methoden ein unterschiedliches Gewicht beigemessen. Die Methoden der statistischen Qualitätskontrolle sind von U. Graf und H. Strauch am ausführlichsten behandelt, während man für Regressionrechnungen die meisten Anregungen bei A. Lindner findet. Die Theorie der Mehr-Faktoren-Versuche findet man bei R. A. Fisher und A. Lindner; sehr prägnante Rechenanweisungen dazu bringt K. A. Brownlee.

Der Leser darf sich nicht davon abschrecken lassen, wenn er dem einen oder anderen Gedankengang einmal nicht sogleich zu folgen vermag. Er möge das Studium von Fachbüchern möglichst oft durch praktische Rechnungen unterbrechen, um sich von den Größenordnungen eine Vorstellung machen zu können. Sehr lehrreich ist es, über die gleiche Frage die Darstellungen verschiedener Autoren nachzulesen.

Bei Forschungsarbeiten ist es oft notwendig, die Gültigkeitsbereiche der verwendeten Methoden genauer nachzuprüfen. Hierzu braucht man die mathematische Literatur, z.B.

van der Waerden, B. L.: Mathematische Statistik. Berlin/Göttingen/Heidelberg: Springer 1957.

Werke dieser Art setzen mindestens diejenigen Kenntnisse in der höheren Mathematik voraus, die den Studenten der Technischen Hochschulen vermittelt werden.

Anhang: Schrankentabellen der Prüfverteilungen[1])

Tabelle I. *Schranken für χ^2 bei n Freiheitsgraden*

n	95%	99%	99,9%	*n*	95%	99%	99,9%
1	3,84	6,63	10,8	51	68,7	77,4	88,0
2	5,99	9,21	13,8	52	69,8	78,6	89,3
3	7,81	11,3	16,3	53	70,1	79,8	90,6
4	9,49	13,3	18,5	54	72,2	81,1	91,9
5	11,1	15,1	20,5	55	73,3	82,3	93,2
6	12,6	16,8	22,5	56	74,5	83,5	94,5
7	14,1	18,5	24,3	57	75,6	84,7	95,8
8	15,5	20,1	26,1	58	76,8	86,0	97,0
9	16,9	21,7	27,9	59	77,9	87,2	98,3
10	18,3	23,2	29,6	60	79,1	88,4	99,6
11	19,7	24,7	31,3	61	80,2	89,6	100,9
12	21,0	26,2	32,9	62	81,4	90,8	102,2
13	22,4	27,7	34,5	63	82,5	92,0	103,4
14	23,7	29,1	36,1	64	83,7	93,2	104,7
15	25,0	30,6	37,7	65	84,8	94,4	106,0
16	26,3	32,0	39,3	66	86,0	95,6	107,3
17	27,6	33,4	40,8	67	87,1	96,8	108,5
18	28,9	34,8	42,3	68	88,3	98,0	109,8
19	30,1	36,2	43,8	69	89,4	99,2	111,1
20	31,4	37,6	45,3	70	90,5	100,4	112,3
21	32,7	38,9	46,8	71	91,7	101,6	113,6
22	33,9	40,3	48,3	72	92,8	102,8	114,8
23	35,2	41,6	49,7	73	93,9	104,0	116,1
24	36,4	43,0	51,2	74	95,1	105,2	117,3
25	37,7	44,3	52,6	75	96,2	106,4	118,6
26	38,9	45,6	54,1	76	97,4	107,6	119,9
27	40,1	47,0	55,5	77	98,5	108,8	121,1
28	41,3	48,3	56,9	78	99,6	110,0	122,3
29	42,6	49,6	58,3	79	100,7	111,1	123,6
30	43,8	50,9	59,7	80	101,9	112,3	124,8
31	45,0	52,2	61,1	81	103,0	113,5	126,1
32	46,2	53,5	62,5	82	104,1	114,7	127,3
33	47,4	54,8	63,9	83	105,3	115,9	128,6
34	48,6	56,1	65,2	84	106,4	117,1	129,8
35	49,8	57,3	66,6	85	107,5	118,2	131,0
36	51,0	58,6	68,0	86	108,6	119,4	132,3
37	52,2	59,9	69,3	87	109,8	120,6	133,5
38	53,4	61,2	70,7	88	110,9	121,8	134,7
39	54,6	62,4	72,1	89	112,0	122,9	136,0
40	55,8	63,7	73,4	90	113,1	124,1	137,2
41	56,9	65,0	74,7	91	114,3	125,3	138,4
42	58,1	66,2	76,1	92	115,4	126,5	139,7
43	59,3	67,5	77,4	93	116,5	127,6	140,9
44	60,5	68,7	78,7	94	117,6	128,8	142,1
45	61,7	70,0	80,1	95	118,8	130,0	143,3
46	62,8	71,2	81,4	96	119,9	131,1	144,6
47	60,4	72,4	82,7	97	121,0	132,3	145,8
48	65,2	73,7	84,0	98	122,1	133,5	147,0
49	66,3	74,9	85,4	99	123,2	134,6	148,2
50	67,5	76,2	86,7	100	124,3	135,8	149,4

[1]) Übernommen aus VAN DER WAERDEN, B. L., Mathematische Statistik (1957).

Tab. I und II aus: A. HALD, Statistical Tables and Formulas, John Wiley and Sons, New York 1952. In der letzten Spalte von Tab. 7 sind drei Werte nach E. S. PEARSON und H. O. HARTLEY, Biometrika Tables for Statisticians I, Table 12 berichtigt.

Tabelle II. STUDENTS *Test: Schranken für t bei n Freiheitsgraden*

n ↓	zweiseitig			
	95 %	98 %	99 %	99,9 %
1	12,71	31,82	63,66	636,6
2	4,303	6,965	9,925	31,60
3	3,182	4,541	5,841	12,92
4	2,776	3,747	4,604	8,610
5	2,571	3,365	4,032	6,869
6	2,447	3,143	3,707	5,959
7	2,365	2,998	3,499	5,408
8	2,306	2,896	3,355	5,041
9	2,262	2,821	3,250	4,781
10	2,228	2,764	3,169	4,587
11	2,201	2,718	3,106	4,437
12	2,179	2,681	3,055	4,318
13	2,160	2,650	3,012	4,221
14	2,145	2,624	2,977	4,140
15	2,131	2,602	2,947	4,073
16	2,120	2,583	2,921	4,015
17	2,110	2,567	2,898	3,965
18	2,101	2,552	2,878	3,922
19	2,093	2,539	2,861	3,883
20	2,086	2,528	2,845	3,850
21	2,080	2,518	2,831	3,819
22	2,074	2,508	2,819	3,792
23	2,069	2,500	2,807	3,767
24	2,064	2,492	2,797	3,745
25	2,060	2,485	2,787	3,725
26	2,056	2,479	2,779	3,707
27	2,052	2,473	2,771	3,690
28	2,048	2,467	2,763	3,674
29	2,045	2,462	2,756	3,659
30	2,042	2,457	2,750	3,646
40	2,021	2,423	2,704	3,551
50	2,009	2,403	2,678	3,495
60	2,000	2,390	2,660	3,460
80	1,990	2,374	2,639	3,415
100	1,984	2,365	2,626	3,389
200	1,972	2,345	2,601	3,339
500	1,965	2,334	2,586	3,310
∞	1,960	2,326	2,576	3,291
↑ n	97,5 %	99 %	99,5 %	99,95 %
	einseitig			

Lineare Interpolation in Tab. II ergibt nur 2 Dezimalstellen zuverlässig.

Tabelle IIIa. *Schranke für* $F = s_1^2/s_2^2$ *bei* 95% *Sicherheit.*
Freiheitsgrade im Zähler n_1, *im Nenner* n_2

n_2 ↓	n_1 = Freiheitsgrade Zähler														
	1	2	3	4	5	6	7	8	9	10	11	12	13	14	15
1	161	200	216	225	230	234	237	239	241	242	243	244	245	245	246
2	18,5	19,0	19,2	19,2	19,3	19,3	19,4	19,4	19,4	19,4	19,4	19,4	19,4	19,4	19,4
3	10,1	9,55	9,28	9,12	9,01	8,94	8,89	8,85	8,81	8,79	8,76	8,74	8,73	8,71	8,70
4	7,71	6,94	6,59	6,39	6,26	6,16	6,09	6,04	6,00	5,96	5,94	5,91	5,89	5,87	5,86
5	6,61	5,79	5,41	5,19	5,05	4,95	4,88	4,82	4,77	4,74	4,70	4,68	4,66	4,64	4,62
6	5,99	5,14	4,76	4,53	4,39	4,28	4,21	4,15	4,10	4,06	4,03	4,00	3,98	3,96	3,94
7	5,59	4,74	4,35	4,12	3,97	3,87	3,79	3,73	3,68	3,64	3,60	3,57	3,55	3,53	3,51
8	5,32	4,46	4,07	3,84	3,69	3,58	3,50	3,44	3,39	3,35	3,31	3,28	3,26	3,24	3,22
9	5,12	4,26	3,86	3,63	3,48	3,37	3,29	3,23	3,18	3,14	3,10	3,07	3,05	3,03	3,01
10	4,96	4,10	3,71	3,48	3,33	3,22	3,14	3,07	3,02	2,98	2,94	2,91	2,89	2,86	2,85
11	4,84	3,98	3,59	3,36	3,20	3,09	3,01	2,95	2,90	2,85	2,82	2,79	2,76	2,74	2,72
12	4,75	3,89	3,49	3,26	3,11	3,00	2,91	2,85	2,80	2,75	2,72	2,69	2,66	2,64	2,62
13	4,67	3,81	3,41	3,18	3,03	2,92	2,83	2,77	2,71	2,67	2,63	2,60	2,58	2,55	2,53
14	4,60	3,74	3,34	3,11	2,96	2,85	2,76	2,70	2,65	2,60	2,57	2,53	2,51	2,48	2,46
15	4,54	3,68	3,29	3,06	2,90	2,79	2,71	2,64	2,59	2,54	2,51	2,48	2,45	2,42	2,40
16	4,49	3,63	3,24	3,01	2,85	2,74	2,66	2,59	2,54	2,49	2,46	2,42	2,40	2,37	2,35
17	4,45	3,59	3,20	2,96	2,81	2,70	2,61	2,55	2,49	2,45	2,41	2,38	2,35	2,33	2,31
18	4,41	3,55	3,16	2,93	2,77	2,66	2,58	2,51	2,46	2,41	2,37	2,34	2,31	2,29	2,27
19	4,38	3,52	3,13	2,90	2,74	2,63	2,54	2,48	2,42	2,38	2,34	2,31	2,28	2,26	2,23
20	4,35	3,49	3,10	2,87	2,71	2,60	2,51	2,45	2,39	2,35	2,31	2,28	2,25	2,22	2,20
21	4,32	3,47	3,07	2,84	2,68	2,57	2,49	2,42	2,37	2,32	2,28	2,25	2,22	2,20	2,18
22	4,30	3,44	3,05	2,82	2,66	2,55	2,46	2,40	2,34	2,30	2,26	2,23	2,20	2,17	2,15
23	4,28	3,42	3,03	2,80	2,64	2,53	2,44	2,37	2,32	2,27	2,23	2,20	2,18	2,15	2,13
24	4,26	3,40	3,01	2,78	2,62	2,51	2,42	2,36	2,30	2,25	2,21	2,18	2,15	2,13	2,11
25	4,24	3,39	2,99	2,76	2,60	2,49	2,40	2,34	2,28	2,24	2,20	2,16	2,14	2,11	2,09
26	4,23	3,37	2,98	2,74	2,59	2,47	2,39	2,32	2,27	2,22	2,18	2,15	2,12	2,09	2,07
27	4,21	3,35	2,96	2,73	2,57	2,46	2,37	2,31	2,25	2,20	2,17	2,13	2,10	2,08	2,06
28	4,20	3,34	2,95	2,71	2,56	2,45	2,36	2,29	2,24	2,19	2,15	2,12	2,09	2,06	2,04
29	4,18	3,33	2,93	2,70	2,55	2,43	2,35	2,28	2,22	2,18	2,14	2,10	2,08	2,05	2,03
30	4,17	3,32	2,92	2,69	2,53	2,42	2,33	2,27	2,21	2,16	2,13	2,09	2,06	2,04	2,01
32	4,15	3,29	2,90	2,67	2,51	2,40	2,31	2,24	2,19	2,14	2,10	2,07	2,04	2,01	1,99
34	4,13	3,28	2,88	2,65	2,49	2,38	2,29	2,23	2,17	2,12	2,08	2,05	2,02	1,99	1,97
36	4,11	3,26	2,87	2,63	2,48	2,36	2,28	2,21	2,15	2,11	2,07	2,03	2,00	1,98	1,95
38	4,10	3,24	2,85	2,62	2,46	2,35	2,26	2,19	2,14	2,09	2,05	2,02	1,99	1,96	1,94
40	4,08	3,23	2,84	2,61	2,45	2,34	2,25	2,18	2,12	2,08	2,04	2,00	1,97	1,95	1,92
42	4,07	3,22	2,83	2,59	2,44	2,32	2,24	2,17	2,11	2,06	2,03	1,99	1,96	1,93	1,91
44	4,06	3,21	2,82	2,58	2,43	2,31	2,23	2,16	2,10	2,05	2,01	1,98	1,95	1,92	1,90
46	4,05	3,20	2,81	2,57	2,42	2,30	2,22	2,15	2,09	2,04	2,00	1,97	1,94	1,91	1,89
48	4,04	3,19	2,80	2,57	2,41	2,29	2,21	2,14	2,08	2,03	1,99	1,96	1,93	1,90	1,88
50	4,03	3,18	2,79	2,56	2,40	2,29	2,20	2,13	2,07	2,03	1,99	1,95	1,92	1,89	1,87
60	4,00	3,15	2,76	2,53	2,37	2,25	2,17	2,10	2,04	1,99	1,95	1,92	1,89	1,86	1,84
70	3,98	3,13	2,74	2,50	2,35	2,23	2,14	2,07	2,02	1,97	1,93	1,89	1,86	1,84	1,81
80	3,96	3,11	2,72	2,49	2,33	2,21	2,13	2,06	2,00	1,95	1,91	1,88	1,84	1,82	1,79
90	3,95	3,10	2,71	2,47	2,32	2,20	2,11	2,04	1,99	1,94	1,90	1,86	1,83	1,80	1,78
100	3,94	3,09	2,70	2,46	2,31	2,19	2,10	2,03	1,97	1,93	1,89	1,85	1,82	1,79	1,77
125	3,92	3,07	2,68	2,44	2,29	2,17	2,08	2,01	1,96	1,91	1,87	1,83	1,80	1,77	1,75
150	3,90	3,06	2,66	2,43	2,27	2,16	2,07	2,00	1,94	1,89	1,85	1,82	1,79	1,76	1,73
200	3,89	3,04	2,65	2,42	2,26	2,14	2,06	1,98	1,93	1,88	1,84	1,80	1,77	1,74	1,72
300	3,87	3,03	2,63	2,40	2,24	2,13	2,04	1,97	1,91	1,86	1,82	1,78	1,75	1,72	1,70
500	3,86	3,01	2,62	2,39	2,23	2,12	2,03	1,96	1,90	1,85	1,81	1,77	1,74	1,71	1,69
1000	3,85	3,00	2,61	2,38	2,22	2,11	2,02	1,95	1,89	1,84	1,80	1,76	1,73	1,70	1,68

Ist n_2 größer als 1000, so verwende man die Schranke für $n_2 = 1000$.

Tabelle IIIa (Fortsetzung). *Schranken für F bei 95% Sicherheit. Freiheitsgrade im Zähler n_1, im Nenner n_2*

n_2 ↓	n_1 = Freiheitsgrade Zähler														
	16	17	18	19	20	22	24	26	28	30	40	50	60	80	100
1	246	247	247	248	248	249	249	249	250	250	251	252	255	252	253
2	19,4	19,4	19,4	19,4	19,4	19,5	19,5	19,5	19,5	19,5	19,5	19,5	19,5	19,5	19,5
3	8,69	8,68	8,67	8,67	8,66	8,65	8,64	8,63	8,62	8,62	8,59	8,58	8,87	8,56	8,55
4	5,84	5,83	5,82	5,81	5,80	5,79	5,77	5,76	5,75	5,75	5,72	5,70	5,69	5,67	5,66
5	4,60	4,59	4,58	4,57	4,56	4,54	4,53	4,52	4,50	4,50	4,46	4,44	4,43	4,41	4,41
6	3,92	3,91	3,90	3,88	3,87	3,86	3,84	3,83	3,82	3,81	3,77	3,75	3,74	3,72	3,71
7	3,49	3,48	3,47	3,46	3,44	3,43	3,41	3,40	3,39	3,38	3,34	3,32	3,30	3,29	3,27
8	3,20	3,19	3,17	3,16	3,15	3,13	3,12	3,10	3,09	3,08	3,04	3,02	3,01	3,29	2,97
9	2,99	2,97	2,96	2,95	2,94	2,92	2,90	2,89	2,87	2,86	2,83	2,80	2,79	2,77	2,76
10	2,83	2,81	2,80	2,78	2,77	2,75	2,74	2,72	2,71	2,70	2,66	2,64	2,62	2,60	2,59
11	2,70	2,69	2,67	2,66	2,65	2,63	2,61	2,59	2,58	2,57	2,53	2,51	2,49	2,47	2,46
12	2,60	2,58	2,57	2,56	2,54	2,52	2,51	2,49	2,48	2,47	2,43	2,40	2,38	2,36	2,35
13	2,51	2,50	2,48	2,47	2,46	2,44	2,42	2,41	2,39	2,38	2,34	2,31	2,30	2,27	2,26
14	2,44	2,43	2,41	2,40	2,39	2,37	2,35	2,33	2,32	2,31	2,27	2,24	2,22	2,20	2,19
15	2,38	2,37	2,35	2,34	2,33	2,31	2,29	2,27	2,26	2,25	2,20	2,18	2,16	2,14	2,12
16	2,33	2,32	2,30	2,29	2,28	2,25	2,24	2,22	2,21	2,19	2,15	2,12	2,11	2,08	2,07
17	2,29	2,27	2,26	2,24	2,23	2,21	2,19	2,17	2,16	2,15	2,10	2,08	2,06	2,03	2,02
18	2,25	2,23	2,22	2,20	2,19	2,17	2,15	2,13	2,12	2,11	2,06	2,04	2,02	1,99	1,98
19	2,21	2,20	2,18	2,17	2,16	2,13	2,11	2,10	2,08	2,07	2,03	2,00	1,98	1,96	1,94
20	2,18	2,17	2,15	2,14	2,12	2,10	2,08	2,07	2,05	2,04	1,99	1,97	1,95	1,92	1,91
21	2,16	2,14	2,12	2,11	2,10	2,07	2,05	2,04	2,02	2,01	1,96	1,94	1,92	1,89	1,88
22	2,13	2,11	2,10	2,08	2,07	2,05	2,03	2,01	2,00	1,98	1,94	1,91	1,89	1,86	1,85
23	2,11	2,09	2,07	2,06	2,05	2,02	2,00	1,99	1,97	1,96	1,91	1,88	1,86	1,84	1,82
24	2,09	2,07	2,05	2,04	2,03	2,00	1,98	1,97	1,95	1,94	1,89	1,86	1,84	1,82	1,80
25	2,07	2,05	2,04	2,02	2,01	1,98	1,96	1,95	1,93	1,92	1,87	1,84	1,82	1,80	1,78
26	2,05	2,03	2,02	2,00	1,99	1,97	1,95	1,93	1,91	1,90	1,85	1,82	1,80	1,78	1,76
27	2,04	2,02	2,00	1,99	1,97	1,95	1,93	1,91	1,90	1,88	1,84	1,81	1,79	1,76	1,74
28	2,02	2,00	1,99	1,97	1,96	1,93	1,91	1,90	1,88	1,87	1,82	1,79	1,77	1,74	1,73
29	2,01	1,99	1,97	1,96	1,94	1,92	1,90	1,88	1,87	1,85	1,81	1,77	1,75	1,73	1,71
30	1,99	1,98	1,96	1,95	1,93	1,91	1,89	1,87	1,85	1,84	1,79	1,76	1,74	1,71	1,70
32	1,97	1,95	1,94	1,92	1,91	1,88	1,86	1,85	1,83	1,82	1,77	1,74	1,71	1,69	1,67
34	1,95	1,93	1,92	1,90	1,89	1,86	1,84	1,82	1,80	1,80	1,75	1,71	1,69	1,66	1,65
36	1,93	1,92	1,90	1,88	1,87	1,85	1,82	1,81	1,79	1,78	1,73	1,69	1,67	1,64	1,62
38	1,92	1,90	1,88	1,87	1,85	1,83	1,81	1,79	1,77	1,76	1,71	1,68	1,65	1,62	1,61
40	1,90	1,89	1,87	1,85	1,84	1,81	1,79	1,77	1,76	1,74	1,69	1,66	1,64	1,61	1,59
42	1,89	1,87	1,86	1,84	1,83	1,80	1,78	1,76	1,74	1,73	1,68	1,65	1,62	1,59	1,57
44	1,88	1,86	1,84	1,83	1,81	1,79	1,77	1,75	1,73	1,72	1,67	1,63	1,61	1,58	1,56
46	1,87	1,85	1,83	1,82	1,80	1,78	1,76	1,74	1,72	1,71	1,65	1,62	1,60	1,57	1,55
48	1,86	1,84	1,82	1,81	1,79	1,77	1,75	1,73	1,71	1,70	1,64	1,61	1,59	1,56	1,54
50	1,85	1,83	1,81	1,80	1,78	1,76	1,74	1,72	1,70	1,69	1,63	1,60	1,58	1,54	1,52
60	1,82	1,80	1,78	1,76	1,75	1,72	1,70	1,68	1,66	1,65	1,59	1,56	1,53	1,50	1,48
70	1,79	1,77	1,75	1,74	1,72	1,70	1,67	1,65	1,64	1,62	1,57	1,53	1,50	1,47	1,45
80	1,77	1,75	1,73	1,72	1,70	1,68	1,65	1,63	1,62	1,60	1,54	1,51	1,48	1,45	1,43
90	1,76	1,74	1,72	1,70	1,69	1,66	1,64	1,62	1,60	1,59	1,53	1,49	1,46	1,43	1,41
100	1,75	1,73	1,71	1,69	1,68	1,65	1,63	1,61	1,59	1,57	1,52	1,48	1,45	1,41	1,39
125	1,72	1,70	1,69	1,67	1,65	1,63	1,60	1,58	1,57	1,55	1,49	1,45	1,42	1,39	1,36
150	1,71	1,69	1,67	1,66	1,64	1,61	1,59	1,57	1,55	1,53	1,48	1,44	1,41	1,37	1,34
200	1,69	1,67	1,66	1,64	1,62	1,60	1,57	1,55	1,53	1,52	1,46	1,41	1,39	1,35	1,32
300	1,68	1,66	1,64	1,62	1,61	1,58	1,55	1,53	1,51	1,50	1,43	1,39	1,36	1,32	1,30
500	1,66	1,64	1,62	1,61	1,59	1,56	1,54	1,52	1,50	1,48	1,42	1,38	1,34	1,30	1,28
1000	1,65	1,63	1,61	1,60	1,58	1,55	1,53	1,51	1,49	1,47	1,41	1,36	1,33	1,29	1,26

Ist n_2 größer als 1000, so verwende man die Schranke für $n_2 = 1000$.

Tabelle III b. *Schranke für* $F = s_1^2/s_2^2$ *bei 99*% Sicherheit.
Freiheitsgrade im Zähler n_1, *im Nenner* n_2

n_2 ↓	n_1 = Freiheitsgrade Zähler														
	1	2	3	4	5	6	7	8	9	10	11	12	13	14	15
2	98,5	99,0	99,2	99,2	99,3	99,3	99,4	99,4	99,4	99,4	99,4	99,4	99,4	99,4	99,4
3	34,1	30,8	29,5	28,7	28,2	27,9	27,7	27,5	27,3	27,2	27,1	27,1	27,0	26,9	26,9
4	21,2	18,0	16,7	16,0	15,5	15,2	15,0	14,8	14,7	14,5	14,4	14,4	14,3	14,2	14,2
5	16,3	13,3	12,1	11,4	11,0	10,7	10,5	10,3	10,2	10,1	9,96	9,89	9,82	9,77	9,72
6	13,7	10,9	9,78	9,15	8,75	8,47	8,26	8,10	7,98	7,87	7,79	7,72	7,66	7,60	7,56
7	12,2	9,55	8,45	7,85	7,46	7,19	6,99	6,84	6,72	6,62	6,54	6,47	6.41	6,36	6,31
8	11,3	8,65	7,59	7,01	6,63	6,37	6,18	6,03	5,91	5,81	5,73	5,67	5,61	5,56	5,52
9	10,6	8,02	6,99	6,42	6,06	5,80	5,61	5,47	5,35	5,26	5,18	5,11	5,05	5,00	4,96
10	10,0	7,56	6,55	5,99	5,64	5,39	5,20	5,06	4,94	4,85	4,77	4,71	4,65	4,60	4,56
11	9,65	7,21	6,22	5,67	5,32	5,07	4,89	4,74	4,63	4,54	4,46	4,40	4,34	4,29	4,25
12	9,33	6,93	5,95	5,41	5,06	4,82	4,64	4,50	4,39	4,30	4,22	4,16	4,10	4,05	4,01
13	9,07	6,70	5,74	5,21	4,86	4,62	4,44	4,30	4,19	4,10	4,02	3,96	3,91	3,86	3,82
14	8,86	6,51	5,56	5,04	4,69	4,46	4,28	4,14	4,03	3,94	3,86	3,80	3,75	3,70	3,66
15	8,68	6,36	5,42	4,89	4,56	4,32	4,14	4,00	3,89	3,80	3,73	3,67	3,61	3,56	3,52
16	8,53	6,23	5,29	4,77	4,44	4,20	4,03	3,89	3,78	3,69	3,62	3,55	3,50	3,45	3,41
17	8,40	6,11	5,18	4,67	4,34	4,10	3,93	3,79	3,68	3,59	3,52	3,46	3,40	3,35	3,31
18	8,29	6,01	5,09	4,58	4,25	4,01	3,84	3,71	3,60	3,51	3,43	3,37	3,32	3,27	3,23
19	8,18	5,93	5,01	4,50	4,17	3,94	3,77	3,63	3,52	3,43	3,36	3,30	3,24	3,19	3,15
20	8,10	5,85	4,94	4,43	4,10	3,87	3,70	3,56	3,46	3,37	3,29	3,23	3,18	3,13	3,09
21	8,02	5,78	4,87	4,37	4,04	3,81	3,64	3,51	3,40	3,31	3,24	3,17	3,12	3,07	3,03
22	7,95	5,72	4,82	4,31	3,99	3,76	3,59	3,45	3,35	3,26	3,18	3,12	3,07	3,02	2,98
23	7,88	5,66	4,76	4,26	3,94	3,71	3,54	3,41	3,30	3,21	3,14	3,07	3,02	2,97	2,93
24	7,82	5,61	4,72	4,22	3,90	3,67	3,50	3,36	3,26	3,17	3,09	3,03	2,98	2,93	2,89
25	7,77	5,57	4,68	4,18	3,86	3,63	3,46	3,32	3,22	3,13	3,06	2,99	2,94	2,89	2,85
26	7,72	5,53	4,64	4,14	3,82	3,59	3,42	3,29	3,18	3,09	3,02	2,96	2,90	2,86	2,82
27	7,68	5,49	4,60	4,11	3,78	3,56	3,39	3,26	3,15	3,06	2,99	2,93	2,87	2,82	2,78
28	7,64	5,45	4,57	4,07	3,75	3,53	3,36	3,23	3,12	3,03	2,96	2,90	2,84	2,79	2,75
29	7,60	5,42	4,54	4,04	3,73	3,50	3,33	3,20	3,09	3,00	2,93	2,87	2,81	2,77	2,73
30	7,56	5,39	4,51	4,02	3,70	3,47	3,30	3,17	3,07	2,98	2,91	2,84	2,79	2,74	2,70
32	7,50	5,34	4,46	3,97	3,65	3,43	3,26	3,13	3,02	2,93	2,86	2,80	2,74	2,70	2,66
34	7,44	5,29	4,42	3,93	3,61	3,39	3,22	3,09	2,98	2,89	2,82	2,76	2,70	2,66	2,62
36	7,40	5,25	4,38	3,89	3,57	3,35	3,18	3,05	2,95	2,86	2,79	2,72	2,67	2,62	2,58
38	7,35	5,21	4,34	3,86	3,54	3,32	3,15	3,02	2,92	2,83	2,75	2,69	2,64	2,59	2,55
40	7,31	5,18	4,31	3,83	3,51	3,29	3,12	2,99	2,89	2,80	2,73	2,66	2,61	2,56	2,52
42	7,28	5,15	4,29	3,80	3,49	3,27	3,10	2,97	2,86	2,78	2,70	2,64	2,59	2,54	2,50
44	7,25	5,12	4,26	3,78	3,47	3,24	3,08	2,95	2,84	2,75	2,68	2,62	2,56	2,52	2,47
46	7,22	5,10	4,24	3,76	3,44	3,22	3,06	2,93	2,82	2,73	2,66	2,60	2,54	2,50	2,45
48	7,19	5,08	4,22	3,74	3,43	3,20	3,04	2,91	2,80	2,72	2,64	2,58	2,53	2,48	2,44
50	7,17	5,06	4,20	3,72	3,41	3,19	3,02	2,89	2,79	2,70	2,63	2,56	2,51	2,46	2,42
55	7,12	5,01	4,16	3,68	3,37	3,15	2,98	2,85	2,75	2,66	2,59	2,53	2,47	2,42	2,38
60	7,08	4,98	4,13	3,65	3,34	3,12	2,95	2,82	2,72	2,63	2,56	2,50	2,44	2,39	2,35
70	7,01	4,92	4,08	3,60	3,29	3,07	2,91	2,78	2,67	2,59	2,51	2,45	2,40	2,35	2,31
80	6,96	4,88	4,04	3,56	3,26	3,04	2,87	2,74	2,64	2,55	2,48	2,42	2,30	2,31	2,27
90	6,93	4,85	4,01	3,54	3,23	3,01	2,84	2,72	2,91	2,52	2,45	2,39	2,33	2,29	2,24
100	6,90	4,82	3,98	3,51	3,21	2,99	2,82	2,69	2,59	2,50	2,43	2,37	2,31	2,26	2,22
125	6,84	4,78	3,94	3,47	3,17	2,95	2,79	2,66	2,55	2,47	2,39	2,33	2,28	2,23	2,19
150	6,81	4,75	3,92	3,45	3,14	2,92	2,76	2,63	2,53	2,44	2,37	2,31	2,25	2,20	2,16
200	6,76	4,71	3,88	3,41	3,11	2,89	2,73	2,60	2,50	2,41	2,34	2,27	2,22	2,17	2,13
300	6,72	4,68	3,85	3,38	3,08	2,86	2,70	2,57	2,47	2,38	2,31	2,24	2,19	2,14	2,10
500	6,69	4,65	3,82	3,36	3,05	2,84	2,68	2,55	2,44	2,36	2,28	2,22	2,17	2,12	2,07
1000	6,66	4,63	3,80	3,34	3,04	2,82	2,66	2,53	2,43	2,34	2,27	2,20	2,15	2,10	2,06

Ist $n_2 = 1$, so erhält man die Schranke für F, indem man die zweiseitige Schranke für t bei n_1 Freiheitsgraden ins Quadrat erhebt (Tab. II).

Tabelle IIIb (Fortsetzung). *Schranke für F bei 99% Sicherheit. Freiheitsgrade im Zähler n_1, im Nenner n_2*

n_2 ↓	n_1 = Freiheitsgrade Zähler														
	16	17	18	19	20	22	24	26	28	30	40	50	60	80	100
2	99,4	99,4	99,4	99,4	99,4	99,5	99,5	99,5	99,5	99,5	99,5	99,5	99,5	99,5	99,5
3	26,8	26,8	26,8	26,7	26,7	26,6	26,6	26,6	26,5	26,5	26,4	26,4	26,3	26,3	26,2
4	14,2	14,1	14,1	14,0	14,0	14,0	13,9	13,9	13,9	13,8	13,7	13,7	13,7	13,6	13,6
5	9,68	9,64	9,61	9,58	9,55	9,51	9,47	9,43	9,40	9,38	9,29	9,24	9,20	9,16	9,13
6	7,52	7,48	7,45	7,42	7,40	7,35	7,31	7,28	7,25	7,23	7,14	7,09	7,06	7,01	6,99
7	6,27	6,24	6,21	6,18	6,16	6,11	6,07	6,04	6,02	5,99	5,91	5,86	5,82	5,78	5,75
8	5,48	5,44	5,41	5,38	5,36	5,32	5,28	5,25	5,22	5,20	5,12	5,07	5,03	4,99	4,96
9	4,92	4,89	4,86	4,83	4,81	4,77	4,73	4,70	4,67	4,65	4,57	4,52	4,48	4,44	4,42
10	4,52	4,49	4,46	4,43	4,41	4,36	4,33	4,30	4,27	4,25	4,17	4,12	4,08	4,04	4,01
11	4,21	4,18	4,15	4,12	4,10	4,06	4,02	3,99	3,96	3,94	3,86	3,81	3,78	3,73	3,71
12	3,97	3,94	3,91	3,88	3,86	3,82	3,78	3,75	3,72	3,70	3,62	3,57	3,54	3,49	3,47
13	3,78	3,75	3,72	3,69	3,66	3,62	3,59	3,56	3,53	3,51	3,43	3,38	3,34	3,30	3,27
14	3,62	3,59	3,56	3,53	3,51	3,46	3,43	3,40	3,57	3,35	3,27	3,22	3,18	3,14	3,11
15	3,49	3,45	3,42	3,40	3,37	3,33	3,29	3,26	3,24	3,21	3,13	3,08	3,05	3,00	2,98
16	3,37	3,34	3,31	3,28	3,26	3,22	3,18	3,15	3,12	3,10	3,02	2,97	2,93	2,89	2,86
17	3,27	3,24	3,21	3,18	3,16	3,12	3,08	3,05	3,03	3,00	2,92	2,87	2,83	2,79	2,76
18	3,19	3,16	3,13	3,10	3,08	3,03	3,00	2,97	2,94	2,92	2,84	2,78	2,75	2,70	2,68
19	3,12	3,08	3,05	3,03	3,00	2,96	2,92	2,89	2,87	2,84	2,76	2,71	2,67	2,63	2,60
20	3,05	3,02	2,99	2,96	2,94	2,90	2,86	2,83	2,80	2,78	2,69	2,64	2,61	2,56	2,54
21	2,99	2,96	2,93	2,90	2,88	2,84	2,80	2,77	2,74	2,72	2,64	2,58	2,55	2,50	2,48
22	2,94	2,91	2,88	2,85	2,83	2,78	2,75	2,72	2,69	2,67	2,58	2,53	2,50	2,45	2,42
23	2,89	2,86	2,83	2,80	2,78	2,74	2,70	2,67	2,64	2,62	2,54	2,48	2,45	2,40	2,37
24	2,85	2,82	2,79	2,76	2,74	2,70	2,66	2,63	2,60	2,58	2,49	2,44	2,40	2,36	2,33
25	2,81	2,78	2,75	2,72	2,70	2,66	2,62	2,59	2,56	2,54	2,45	2,40	2,36	2,32	2,29
26	2,78	2,74	2,72	2,69	2,66	2,62	2,58	2,55	2,53	2,50	2,42	2,36	2,33	2,28	2,25
27	2,75	2,71	2,68	2,66	2,63	2,59	2,55	2,52	2,49	2,47	2,38	2,33	2,29	2,25	2,22
28	2,72	2,68	2,65	2,63	2,60	2,56	2,52	2,49	2,46	2,44	2,35	2,30	2,26	2,22	2,19
29	2,69	2,66	2,63	2,60	2,57	2,53	2,49	2,46	2,44	2,41	2,33	2,27	2,23	2,19	2,16
30	2,66	2,63	2,60	2,57	2,55	2,51	2,47	2,44	2,41	2,39	2,30	2,25	2,21	2,16	2,13
32	2,62	2,58	2,55	2,53	2,50	2,46	2,42	2,39	2,36	2,34	2,25	2,20	2,16	2,11	2,08
34	2,58	2,55	2,51	2,49	2,46	2,42	2,38	2,35	2,32	2,30	2,21	2,16	2,12	2,07	2,04
36	2,54	2,51	2,48	2,45	2,43	2,38	2,35	2,32	2,29	2,26	2,17	2,12	2,08	2,03	2,00
38	2,51	2,48	2,45	2,42	2,40	2,35	2,32	2,28	2,26	2,23	2,14	2,09	2,05	2,00	1,97
40	2,48	2,45	2,42	2,39	2,37	2,33	2,29	2,26	2,23	2,20	2,11	2,06	2,02	1,97	1,94
42	2,46	2,43	2,40	2,37	2,34	2,30	2,26	2,23	2,20	2,18	2,09	2,03	1,99	1,94	1,91
44	2,44	2,40	2,37	2,35	2,32	2,28	2,24	2,21	2,18	2,15	2,06	2,01	1,97	1,92	1,89
46	2,42	2,38	2,35	2,33	2,30	2,26	2,22	2,19	2,16	2,13	2,04	1,99	0,95	1,90	1,86
48	2,40	2,37	2,33	2,31	2,28	2,24	2,20	2,17	2,14	2,12	2,02	1,97	2,93	1,88	1,84
50	2,38	2,35	2,32	2,29	2,27	2,22	2,18	2,15	2,12	2,10	2,01	1,95	1,91	1,86	1,82
55	2,34	2,31	2,28	2,25	2,23	2,18	2,15	2,11	2,08	2,06	1,97	1,91	1,87	1,81	1,78
60	2,31	2,28	2,25	2,22	2,20	2,15	2,12	2,08	2,05	2,03	1,94	1,88	1,84	1,78	1,75
70	2,27	2,23	2,20	2,18	2,15	2,11	2,07	2,03	2,01	1,98	1,89	1,83	1,78	1,73	1,70
80	2,23	2,20	2,17	2,14	2,12	2,07	2,03	2,00	1,97	1,94	1,85	1,79	1,75	1,69	1,66
90	2,21	2,17	2,14	2,11	2,09	2,04	2,00	1,97	1,94	1,92	1,82	1,76	1,72	1,66	1,62
100	2,19	2,15	2,12	2,09	2,07	2,02	1,98	1,94	1,92	,189	1,80	1,73	1,69	1,63	1,60
125	2,15	2,11	2,08	2,05	2,03	1,98	1,94	1,91	1,88	1,85	1,76	1,69	1,65	1,59	1,55
150	2,12	2,09	2,06	2,03	2,00	1,96	1,92	1,88	1,85	1,83	1,73	1,66	1,62	1,56	1,52
200	2,09	2,06	2,02	2,00	1,97	1,93	1,89	1,85	1,82	1,79	1,69	1,63	1,58	1,52	1,48
300	2,06	2,03	1,99	1,97	1,94	1,89	1,85	1,82	1,79	1,76	1,66	1,59	1,55	1,48	1,44
500	2,04	2,00	1,97	1,94	1,92	1,87	1,83	1,79	1,76	1,74	1,63	1,56	1,52	1,45	1,41
1000	2,02	1,98	1,95	1,92	1,90	1,85	1,81	1,77	1,74	0,72	1,61	1,54	1,50	1,43	1,38

Ist n_2 größer als 1000, so verwende man die Schranke für $n_2 = 1000$.

Tabelle IIIc. *Schranke für* $F = s_1^2/s_2^2$ *bei 99,9% Sicherheit. Freiheitsgrade im Zähler* n_1, *im Nenner* n_2

n_2 ↓	n_1 = Freiheitsgrade Zähler														
	1	2	3	4	5	6	7	8	9	10	15	20	30	50	100
2	998	999	999	999	999	999	999	999	999	999	999	999	999	999	999
3	168	148	141	137	135	133	132	131	130	129	127	126	125	125	124
4	74,1	61,2	56,2	53,4	51,7	50,5	49,7	49,0	48,5	48,0	46,8	46,1	45,4	44,9	44,5
5	47,0	36,6	33,2	31,1	29,8	28,8	28,2	27,6	27,2	26,9	25,9	25,4	24,9	24,4	24,1
6	35,5	27,0	23,7	21,9	20,8	20,0	19,5	19,0	18,7	18,4	17,6	17,1	16,7	16,3	16,0
7	29,2	21,7	18,8	17,2	16,2	15,5	15,0	14,6	14,3	14,1	13,3	12,9	12,5	12,2	11,9
8	25,4	18,5	15,8	14,4	13,5	12,9	12,4	12,0	11,8	11,5	10,8	10,5	10,1	9,80	9,57
9	22,9	16,4	13,9	12,6	11,7	11,1	10,7	10,4	10,1	9,89	9,24	8,90	8,55	8,26	8,04
10	21,0	14,9	12,6	11,3	10,5	9,92	9,52	9,20	8,96	8,75	8,13	7,80	7,47	7,19	6,98
11	19,7	13,8	11,6	10,4	9,58	9,05	8,66	8,35	8,12	7,92	7,32	7,01	6,68	6,41	6,21
12	18,6	13,0	10,8	9,63	8,89	8,38	8,00	7,71	7,48	7,29	6,71	6,40	6,09	5,83	5,63
13	17,8	12,3	10,2	9,07	8,35	7,86	7,49	7,21	6,98	6,80	6,23	5,93	5,62	5,37	5,17
14	17,1	11,8	9,73	8,62	7,92	7,43	7,08	6,80	6,58	6,40	5,85	5,56	5,25	5,00	4,80
15	16,6	11,3	9,34	8,25	7,57	7,09	6,74	6,47	6,26	6,08	5,53	5,25	4,95	4,70	4,51
16	16,1	11,0	9,00	7,94	7,27	6,81	6,46	6,19	5,98	5,81	5,27	4,99	4,70	4,45	4,26
17	15,7	10,7	8,73	7,68	7,02	6,56	6,22	5,96	5,75	5,58	5,05	4,78	4,48	4,24	4,05
18	15,4	10,4	8,49	7,46	6,81	6,35	6,02	5,76	5,56	5,39	4,87	4,59	4,30	4,06	3,87
19	15,1	10,2	8,28	7,26	6,61	6,18	5,84	5,59	5,39	5,22	4,70	4,43	4,14	3,90	3,71
20	14,8	9,95	8,10	7,10	6,46	6,02	5,69	5,44	5,24	5,08	4,56	4,29	4,01	3,77	3,58
22	14,4	9,61	7,80	6,81	6,19	5,76	5,44	5,19	4,99	4,83	4,32	4,06	3,77	3,53	3,34
24	14,0	9,34	7,55	6,59	5,98	5,55	5,23	4,99	4,80	4,64	4,14	3,87	3,59	3,35	3,16
26	13,7	9,12	7,36	6,41	5,80	5,38	5,07	4,83	4,64	4,48	3,99	3,72	3,45	3,20	3,01
28	13,5	8,93	7,19	6,25	5,66	5,24	4,93	4,69	4,50	4,35	3,86	3,60	3,32	3,08	2,89
30	13,3	8,77	7,05	6,12	5,53	5,12	4,82	4,58	4,39	4,24	3,75	3,49	3,22	2,98	2,79
40	12,6	8,25	6,60	5,70	5,13	4,73	4,43	4,21	4,02	3,87	3,40	3,15	2,87	2,64	2,44
50	12,2	7,95	6,34	5,46	4,90	4,51	4,22	4,00	3,82	3,67	3,20	2,95	2,68	2,44	2,24
60	12,0	7,76	6,17	5,31	4,76	4,37	4,09	3,87	3,69	3,54	3,08	2,83	2,56	2,31	2,11
80	11,7	7,54	5,97	5,13	4,58	4,21	3,92	3,70	3,53	3,39	2,93	2,68	2,40	2,16	1,95
100	11,5	7,41	5,85	5,01	4,48	4,11	3,83	3,61	3,44	3,30	2,84	2,59	2,32	2,07	1,87
200	11,2	7,15	5,64	4,81	4,29	3,92	3,65	3,43	3,26	3,12	2,67	2,42	2,15	1,90	1,68
500	11,0	7,01	5,51	4,69	4,18	3,82	3,54	3,33	3,16	3,02	2,58	5,33	2,05	1,80	1,57
∞	10,8	6,91	5,42	4,62	4,10	3,74	3,47	3,27	3,10	2,96	2,51	2,27	1,99	1,73	1,49

Lineare Interpolation ergibt etwas zu große Schranken. Die Schranken für $n_2 = 1000$ liegen etwa in der Mitte zwischen den Schranken für 500 und ∞.

Tab. IIIa, b und c aus: A. HALD, Statistical Tables and Formulas, John Wiley and Sons, New York 1952.

Namen- und Sachverzeichnis

721/14/63